最新修訂版

自然酒

從 **有機農法、自然動力法**
到最純粹天然的 **葡萄酒世界**

AN INTRODUCTION TO **ORGANIC** AND **BIODYNAMIC** WINES
MADE **NATURALLY**

2010 VINE STAR
SONOMA COUNTY RED WINE

最新修訂版

自然酒

從 有機農法、自然動力法
到最純粹天然的 葡萄酒世界

NATURAL WINE
AN INTRODUCTION TO ORGANIC AND BIODYNAMIC WINES
MADE NATURALLY

伊莎貝爾‧雷爵宏 Isabelle Legeron MW ｜著

王琪 ｜譯

積木文化

VV0126

自然酒【最新修訂版】從有機農法、自然動力法到最純粹天然的葡萄酒世界

原　書　名／Natural Wine : An introduction
　　　　　　to organic and biodynamic wines made naturally, Third Edition
著　　　者／伊莎貝爾・雷爵宏（Isabelle Legeron MW）
譯　　　者／王琪
特 約 編 輯／陳錦輝

出　　　版／積木文化
總　編　輯／江家華
責 任 編 輯／魏嘉儀、陳佳欣
版 權 行 政／沈家心
行 銷 業 務／陳紫晴、羅仔伶

發　行　人／何飛鵬
事業群總經理／謝至平
　　　　　　城邦文化出版事業股份有限公司
　　　　　　台北市南港區昆陽街16號4樓
　　　　　　電話：886-2-2500-0888　傳真：886-2-2500-1951
發　　　行／英屬蓋曼群島商家庭傳媒股份有限公司城邦分公司
　　　　　　台北市南港區昆陽街16號8樓
　　　　　　客服專線：02-25007718；02-25007719
　　　　　　24小時傳真專線：02-25001990；02-25001991
　　　　　　服務時間：週一至週五上午09:30-12:00；下午13:30-17:00
　　　　　　劃撥帳號：19863813　戶名：書虫股份有限公司
　　　　　　讀者服務信箱：service@readingclub.com.tw
　　　　　　城邦網址：http://www.cite.com.tw
香 港 發 行 所／城邦（香港）出版集團有限公司
　　　　　　香港九龍土瓜灣土瓜灣道86號順聯工業大廈6樓A室
　　　　　　電話：852-25086231　傳真：852-25789337
　　　　　　電子信箱：hkcite@biznetvigator.com

封面完稿　葉若蒂
內頁排版　劉靜薏
製版印刷　上晴彩色印刷製版有限公司

國家圖書館出版品預行編目(CIP)資料

自然酒：從有機農法、自然動力法到最純粹天然的葡萄酒世
界 / 伊莎貝爾・雷爵宏(Isabelle Legeron MW)著；王琪譯.
-- 二版. -- 臺北市：積木文化出版：英屬蓋曼群島商家庭傳
媒股份有限公司城邦分公司發行, 2024.07
　面；　公分
譯自：Natural wine：an introduction to organic and
biodynamic wines made naturally,Third Edition
ISBN 978-986-459-576-1(平裝)

1.CST: 葡萄酒 2.CST: 製酒

463.814　　　　　　　　　　　　　　　112022787

First published in the United Kingdom
under the title Natural Wine
by CICO Books, an imprint of Ryland, Peters & Small Limited
20-21 Jockey's Fields
London WC1R 4BW

【印刷版】　　　　【電子版】
2017年2月16日 初版一刷　2024年7月
2024年7月2日 二版一刷　ISBN／978-986-459-575-4 (EPUB)
售價／880元
ISBN／978-986-459-576-1
Printed in Taiwan.

目次

這是一個農夫雨靴被視為有型配件、與肉販討論肉類風乾過程稀鬆平常的世代；精釀啤酒廠與義式咖啡吧更已融入城市景觀。在農業時尚化風潮帶領下，我們要求香腸必須以自由放養豬肉製造，卻從未意識到，自己搭配香腸的葡萄酒卻是以類似「籠飼雞」方式工業化生產出來的。對如今已習慣先看食物背標的我們來說，原因之一，或許得歸咎於葡萄酒並沒有詳細背標可看；畢竟，這樣的葡萄酒法令現今並不存在。

本書的主旨並非揭露葡萄酒界不為人知的祕辛，而是大力讚揚那些在種植過程中用心並竭力避免讓現代釀酒方式介入，在看似不可能的情況下呈現出天然風貌的葡萄酒。同時也是為了頌讚那些創造出此類酒款的非凡人物。正如鎮日乘風逐浪的水手，這些釀酒師很清楚，在大自然之下人是多麼渺小。他們了解要意圖控制或馴服大自然，不但徒勞無功，也會適得其反。這是因為大自然的奧妙，便在於她所蘊藏的強大力量。

我不是釀酒師，也不願假裝自己深得釀酒學的其中三昧。本書所分享的是我與酒農們多方討論後加上品嘗幾千瓶葡萄酒後所衍生出的想法。我希望藉著本書，使更多人願意探索這個主題，進而激盪出更多的討論。我不是個坐山觀望而不表態的人，我的立場相當明確。除了深信所有的釀酒葡萄都至少需要以有機方式種植外，我的寫作立場背後也沒有任何政治或經濟動機。我的意見全是由我喜愛飲用的酒款所引導。我相信，那些以天然方式、不添加（或僅用微量）二氧化硫釀製出來的酒款喝起來口感最優異，也因此我只喝這類葡萄酒，而這也正是促使我寫這本書的主要原因。

《自然酒》一書是以主觀的角度探討何謂優異好酒；對我而言，唯有自然酒才足以臻至偉大境界。另外，我也反對「一言堂」，因此書中我試圖透過其他人的聲音與故事來傳達出同樣的訊息。我所描述的一切都是真實存在著的，而我在書中所分享的經驗與想法亦是出自其他更為廣大的族群。當我為此書做研究時，我發現市面上關於這個主題的資訊少之又少，其中一部分原因，在於傳統葡萄酒產業不認為自然酒具有足夠的商業價值。也因此，我的調查成果多半來自對話、訪談以及大量的品酒過程等的第一手資料。

葡萄酒是會被人體吸收的。一如其他的食物，葡萄酒或許有益健康，或許多少經過人為操控，也可能頗為可口。在許多層面，本書也適用於談論其他的食品，像是麵包、啤酒、牛奶等過度商業化的產品（進而開始回歸自然的復興運動）；只不過葡萄酒跟上腳步的速度慢了點。因此，假如你清楚優質食物能提供人體的遠遠大於營養與飽足感，也看重自然酒生產者熱情與認真的委身態度，相信你一定也不難理解優異自然酒的特別之處。我也盼望一旦你踏上這一步之後，永遠不回頭。

葡萄酒大師伊莎貝爾・雷爵宏
（Isabelle Legeron MW）

前言

現代農耕

　　不久前我和朋友在英國康瓦爾（Cornwall）一棟美麗的鄉間別墅度過美好週末。在徐徐海風的吹拂之下，眼前浩瀚無垠的玉米田在微風輕撫中如海浪般恣意搖擺，宛如寧靜詩意的田園風情畫。可是我注意到，這樣的景觀綿延了數哩卻絲毫不變。我僅能看到生長在荒蕪、堅硬如岩石般土地上的玉米，除了玉米，還是玉米；眼前所見怵目驚心。不過剎那間，原本可用如詩如畫來形容的景象竟變成單調死寂。

　　現今農業單一化的情況十分常見，普遍到我們根本沒有感覺。從自家庭院蒲公英禁入的綠油油草皮，到郊外一望無際的甜菜、穀物田與葡萄園，我們意圖將大自然掌控在手中。過去，小片牧草、林地與農田是由樹籬分隔，野生動物得以穿梭其中。如今，農業單一化已蔚為主流。自 1950 年代起，美國的農場數量少了一半，存留下來的農地平均面積卻呈雙倍增長。也因此，現今全美不到 2% 的農地卻能生產出占全國產量 70% 的蔬菜。

　　20 世紀已經全然改變了農業的面貌。隨著農業精簡化與機械化，

下圖：
加州農業單一化：放眼望去，除了葡萄沒有其他。

此類「簡化過」的農耕方式是為了增加產量並使短期利潤極大化。這樣工業化的過程被稱為「綠色革命」（Green Revolution）。「我們將此過程稱為『集約化』，但這樣的高度密集化是針對每個農民，而非每平方公尺土地，」農藝專家 Claude 與 Lydia Bourguignon 夫婦如此解釋：「在北美洲，一名農夫獨自管理 500 公頃的農地不是問題，但是傳統的混農林牧系統（agro-silvo-pastoral）每平方公尺的產量其實更高。」

葡萄種植也是如此。「過去義大利的葡萄種植在生態上是相當多元化的，」位於皮蒙區（Piedmont）已故的自然酒農 Stefano Bellotti 對我說：「葡萄樹是跟樹木與蔬菜種在一起。農夫在每行葡萄樹之間還種了麥子、青豆、雞眼豆甚至果樹。生物多樣化是非常重要的。」

上圖：
過去，葡萄都是以人手採收。如今，非機械化的採收模式依然被許多以品質至上的葡萄園所採用。

現代農耕的重點在於發展出可複製的做法，使其得以運用在不同的地方。這也是加州自然酒農 Mary Morwood Hart 所謂的「教科書農耕法」。Mary 說：「這些顧問來到你的葡萄園，告訴你每串葡萄藤該留下幾片葉子，卻沒考慮到該葡萄園的獨特性。」索諾瑪（Sonoma）的自然酒農 Tony Coturri 更進一步表示：「現今的葡萄產業大量以機械化進行，不但多數葡萄幾乎不曾接觸過人手，葡萄果農甚至不會自稱為『農夫』。對他們而言，葡萄種植與農業本身無關。」

這樣的農耕方式與法國松塞爾（Sancerre）產區的酒農——像是 Sébastien Riffault——所採用的方法大相逕庭，對他而言，每株葡萄樹都有其獨特性。他說：「植物就像人一樣；每種植物在不同階段會有不同的需要。」

造成兩方觀點如此分歧的原因之一，可能在於化學農藥的發明（像是殺除劑、殺蟲劑、除草劑與化學肥料），因為這一切都是為了使農民工作更輕鬆而創造出來的。但這也無可避免地造成他們與自己所照料的土地脫節。然而，不論除草劑或含氮化肥的使用，都不是始於葡萄園，而後止於葡萄園。它們會造成生態環境的失衡，因為有些農藥可能滲入地下水。「這是惡性循環的開始，」法國東部侏儸（Jura）產區自然酒農 Emmanuel Houillon 表示：「有些合成農藥甚至能與水分子結合後被蒸發，之後隨雨水降下。」

世界自然基金會（World Wildlife Fund）表示，回顧過去 50 年來，全球所施灑的殺蟲劑量增長了 26 倍；其中葡萄園占了相當大的比例。

農藥行動聯盟（Pesticide Action Network, PAN）便提到，自 1994 年起，歐洲葡萄園殺蟲劑的用量增加了 27%，他們表示：「如今葡萄樹所接收的合成殺蟲劑量已高於其他（除了柑橘類水果外）許多農作物。」

　　這對土壤是有害而無益的，Claude 與 Lydia Bourguignon 夫婦進一步解釋：「全世界 80% 的生物質量（biomass）都在土壤裡頭。光是蚯蚓所產出的生物質量便已等同其他所有動物的總和。然而，自 1950 年起，歐洲蚯蚓數量已從過去每公頃 2 公噸銳減至 100 公斤。」

　　生物降解（biological degradation）對土壤有深遠的影響，最終也會導致化學降解（chemical degradation）以及大規模水土流失。「六千多年前當農業開始發展時，全世界約莫 12% 的土地是沙漠；如今則高達 32%，」Claude 與 Lydia 進一步表示：「在這段期間我們創造出約莫 20 億公頃的沙漠，當中有一半是出現於 20 世紀。」全球的自然資本每年都呈銳減狀態。「近期的估計更顯示，每年超過 1 千萬公頃的農地將會被降解或流失，因為風和雨會將表層土壤沖刷掉。」生態學家與作家 Tony Juniper 提到。

　　人類與環境是唇齒相依的，我們和自己所吃喝下肚的東西更是無法分離。事實上，在 PAN（2008 年）以及法國消費者機構 UFC-Que Choisir（2013 年）所做的調查中，發現在人們品飲的酒中能檢測到殘存的殺蟲劑。雖然殘量很低（以微克／公升做計量單位），但不可否認的，它們比英國飲用水可接受的標準含量高出極多（有時甚至超過 200 倍），有些甚至殘存致癌物以及對發育、繁殖有害的毒素與內分泌干擾物質。而葡萄酒中又有 85% 是水，這個結果當然令人憂心。

上圖：
自然酒需要生產者以精確的方式釀製，也需要悉心的照料與關注。

對頁：
在這座野生的加州葡萄園中，葡萄樹與蘋果樹、灌木叢、草叢共生。

全世界 80% 的生物質量都在土壤裡頭。光是蚯蚓所產出的生物質量便已等同其他所有動物的總和。

現代葡萄酒

「葡萄酒很單純，生活也很單純；可惜人們把一切變得複雜。」——Bernard Noblet，法國 Domaine de la Romanée Conti 酒莊前任酒窖總管

上圖：
這種樹幹扭曲的原生葡萄老藤多半是首先被鏟除的對象，原因在於產量低，同時也已退流行。然而它們卻往往最能適應環境，同時也與土地緊密相連；因為它們已經發展出相當深的樹根系統。

2008 年，我第一次來到位於高加索山區的喬治亞共和國。令我驚訝的是，在這裡，幾乎每個家庭都會自行釀酒；倘若有剩餘的，他們也會出售賺點零用錢。當然，有些酒很可口，有些則難以下嚥；但重點是，在喬治亞的鄉村裡，葡萄酒是飲食的一部分，正如他們會養豬以便吃豬肉、種麥子以便製作麵包、養一兩頭牛以便擠奶；他們同時也種葡萄以便釀酒。

儘管在現今的社會要找到這樣的自耕農其實不容易，但過去並非如此。起初，葡萄酒不過是一種簡單的飲料，但隨著時間的演進，開始成為一種具有品牌、風格一致而標準化的商品。葡萄酒的生產主要是由財務盈虧決定，同時還得遵循時尚風潮與消費者動向來做改變。真是令人歎息！

這樣的情況通常也意味著，要決定採用何種農耕方式，並非以考量植物與周遭環境為出發點，而是生產者多快能夠將成本回收。葡萄樹或許被種在不合適的地方，照料不善，一旦葡萄到了釀酒廠，只要用上各種的添加物、加工助劑以及人為操控等，便能製造出標準化的產品。正如其他許多產業，葡萄酒亦從原本強調純手工與工匠藝術的製造方式，轉變為大規模工業化的生產。

其實這現象並沒有什麼奇特之處，只是不同於其他產業，人們對葡萄酒釀製依舊存留著過去的印象。許多消費者仍相信葡萄酒是由純樸的農夫所生產，過程中少有人為干涉——葡萄酒大廠也很樂於繼續維持這樣的假象。2012 年在美國，光是三家大酒廠便掌握了全美葡萄酒銷售量的一半；而在澳洲，排名前五位的酒廠則占全國葡萄酒產量的一半以上。也因此，葡萄酒的真實面貌與假象，兩者之間變得毫無關連。

上圖：
不像多數現代葡萄園，農業
多樣化在自然酒生產上依舊
占有重要地位。圖中位於斯
洛維尼亞的 Klinec 農場便是
一例。

　　或許你會說，現今世代企業併購稀鬆平常。而且釀酒看來也不是件
容易的事，必須具備高科技的設備、昂貴的建築、受過嚴格訓練的員工
等；事實並非如此。倘若放手不管，含有糖分的有機化合物會自然發
酵，葡萄也不例外。葡萄周遭充滿活的微生物，隨時準備好要分解葡
萄，這樣的過程最終可能會產生出葡萄酒。簡單說，假如你採收了葡萄
並在水桶裡壓榨它，你只需要一點運氣便能得到葡萄酒。

　　經過長時間的演變，人們在這樣的「水桶技巧」上精益求精。年復
一年，酒農開始發現可以生產出優異葡萄的方式，他們發展出各樣技術
以便了解葡萄變化成酒過程中的箇中奧妙。即便科技發展與釀酒學的精
進，確實對葡萄酒產業整體來說有著正面意義，但同時我們似乎迷失了
方向。

　　我們並沒有運用科學來減少對葡萄酒釀製過程的干涉，反倒是想辦
法以之掌控過程中的每個步驟——從葡萄種植到釀酒本身。能稱做天然
的部分少之又少。反之，今日多數葡萄酒，包括那些昂貴的、所謂「獨

上圖：
位於北義唯內多（Veneto）產區釀製自然酒的葡萄園。

對頁下：
現今不但國際品種到處可見，葡萄酒風格重複性也很高。這樣的結果就如 Hugh Johnson 所說：「如今在葡萄酒釀造上同質性極高。過去一直是新世界跟隨舊世界腳步，現在則相反。」

家」的酒款，倒成了農藥食品產業的產物。更驚人的是，這一切改變多數都從過去五十多年起。

同樣的，商業用酵母菌株也要到 20 世紀後半才出現在市面上。全球酵母菌株與細菌供應製造大廠之一的 Lallemand，是自 1974 年才在北美銷售葡萄酒菌株，1977 年進入歐洲市場。

其他的酒中添加物亦然。像是惡名昭彰的二氧化硫對酒的影響，就被自然香檳生產者 Anselme Selosse 形容為「宛如《飛越杜鵑窩》（*One Flew Over the Cuckoo's Nest*）電影中的 Jack Nicholson；二氧化硫讓酒變得遲鈍癡呆了。」與一般葡萄酒產業所相信的事實相反，二氧化硫在釀酒過程的使用上（目的在於使木桶保持清潔）其實是近代的事；將其加入酒中則更晚近了（見〈二氧化硫簡史〉，頁 68-69）。

各式人工干預科技的出現也是相當近期的發展，即便如今已被大量運用在釀酒上。「無菌過濾（sterile filtration）是十分先進的技術，」法國布根地自然酒農 Gilles Vergé 表示：「在我們這個產區是到 1950 年代才

開始有人使用。而比過濾膜之密合度幾乎高出 1 萬倍的逆滲透（reverse osmosis, RO）技術，更是要到 1990 年代才出現。」現今採用逆滲透仍被視為不需大聲張揚的事，但據推廣此技術有名的葡萄酒顧問 Clark Smith 表示，逆滲透機器已賣出的台數遠超過生產者所願意承認的數量。

位於美國奧勒岡州（Oregon）的 Montebruno 酒莊是從啤酒釀造轉為生產自然酒的酒莊。由莊主 Joseph Pedicini 的家族史中不難看出，這類釀酒技術確實是相當近期的發明。「1995 年，當我仍在釀製啤酒時，我也一邊接手自家的葡萄酒釀造任務（我們家族來自義大利，我的祖父母從那裡帶來釀酒技術）。當我將啤酒釀造的知識用在釀酒上，並使用實驗室培養的酵母菌株時，親戚們會百思不解地看著我，說：

『你為什麼要放那些東西在我們的酒裡?!』

『叔叔，你等著看吧。我在學校學到的，這酒會變得好喝！』

但是最終，釀出來的酒卻缺少了靈魂。好喝，但少了那股魔力！」

不論是 Joseph 紐澤西的親戚，還是喬治亞的鄉下農夫，我們所能得到的相同結論為：酒是可以自然釀出來的。

上圖：
許多酒莊如今已大量減少人力而改由機械化生產。

「自然酒並不是新東西；酒一直都是自然的。但如今，自然酒卻屈指可數，猶如滄海之一粟，可惜啊可惜！」——Isabelle Legeron MW，葡萄酒大師

第一部

何謂自然酒？

「真有自然酒這種東西嗎？」

上圖：
桶邊試飲發酵中的自然酒。

對頁：
薄酒來（Beaujolais）產區
正在釀製過程中的 2013 年
份自然酒。

前頁：
瑞士實驗葡萄園 Mythopia
的健康葡萄樹，大量自然
酒在此釀製。

2012 年夏季，義大利農業部的調查員突然出現在位於羅馬 Viale Parioli 這家自 1929 年開始經營得相當成功的葡萄酒零售店 Enoteca Bulzoni。店家第三代的 Alessandro 與 Ricardo Bulzoni 收到了一張罰單，並得面對可能的詐欺訴訟。原因在於他們在無執照的情況下銷售 vino naturale（自然酒）。

當他們提出質疑時，義大利官員解釋說，「自然酒」一詞在法規上並不存在。現今各個產區命名以及酒標標示都有法可循，在名稱使用上也都受到限制，但自然酒目前卻沒有認證單位或規定。官員認為，這樣一來便無從審查，對消費者可能會造成誤導，也會使其他沒有如此標示的生產者蒙受損失。Bulzoni 兄弟付了罰款後，還是繼續賣他們的酒。

義大利報紙《每日真相報》（*Il Fatto Quotidiano*）當時對此做了報導，也為整件事做了總結。一方面，市場上有像 Bulzoni 兄弟這樣三代銷售葡萄酒的家族，總是將顧客利益放第一，他們並沒有宣稱這些自然酒比較好或壞，而僅是用一個常見的辭彙以便區分出沒有使用添加物的酒款。另一方面則是政府部門的存在，即便他們原則上同意這類「自然酒」可能確實沒有額外添加物，但仍堅持法規是需要被尊重的。然而目前的法律卻沒有為自然酒做出定義。

這正是自然酒生產者面臨的最大挑戰。如今他們的產品仍沒有經過官方認可，自然酒一詞因此容易遭到濫用或遭受批評。正如位於英國里茲（Leeds）有機酒專賣店 Vinceremos 的 Jem Gardener 所說：「生產者期望我們相信他們釀酒是以誠信為本……他們是使用自然的方式與成分。我很希望這樣真的就夠了，但在這個世代，這恐怕不夠。」目前的情況是，任何酒農都能說自己釀的是自然酒。然而到底是或不是則是個人誠信問題了。

「現代釀酒過程所強調的是二氧化硫的使用、控制發酵過程與溫度，但其實有更好的替代方式。」——**David bird MW**，葡萄酒大師、認證化學家與《*Understanding Wine Technology*》作者

上左：
浸皮（maceration）中的葡萄，目前正進行酒精發酵（alcoholic fermentation）。這樣的過程只要是使用照料得宜的健康葡萄便會自動發生。

上右：
榨汁之後剩下的紅葡萄酒渣。在有機葡萄園這些會被用來覆蓋土地或成為堆肥。

人工干涉：何種程度才算過多？

更麻煩的是，葡萄酒釀造是件棘手的事，要決定在過程中干預到何種程度並不容易。歐洲在有機酒釀造規範中甚至允許使用 50 種添加物與加工助劑。所有的自然酒生產者基本上都會同意絕不可以添加增味酵母，有些人則可以接受在裝瓶時加入少量二氧化硫。同樣的，有些人相信澄清與過濾葡萄酒屬於人為操控，會完全改變葡萄酒的結構，因此不應該允許。也有人認為傳統做法，像是使用有機蛋清來澄清葡萄酒，並不會使酒款變得較不自然。

在這樣混亂不清的狀況下，制訂正式的官方定義是必要且勢在必行。隨著自然酒數量的增加，大眾對這類酒款的接受度提高，對其他種類的葡萄酒到底是怎麼釀出來的開始有所質疑。如此一來，便開始有人趁機發「自然」財。有些大型生產者推出所謂的「自然」調配酒款，或在宣傳文宣上使用這字來描述那些其實是以傳統施灑農藥的農耕法產出的葡萄酒。不論這樣的做法真的只是因定義模糊，還是企圖跟隨潮流及順勢發財，結果都是相同的——消費者變得更加疑惑。

自然酒的定義與規範

對此，有關單位也開始做出回應。像是 2012 年秋天，由法國自然酒農組成的法國自然酒協會（Association des Vins Naturels, AVN；見

〈酒農協會〉，頁 120-121）便與來自巴黎反詐欺等部門的官員會面，討論將自然酒釀造方式做出定義，並進一步申請官方註冊的可能性，以便政府在審查市面上宣稱自己是「自然酒」產品時有所依據。Domaine Fontedicto 莊主暨 AVN 創辦人之一的 Bernard Bellahsen 說：「他們終於了解有機與自然葡萄酒間的不同，因此要求我們微調協會的定義，並正式提出法規細則。他們關注的焦點很單純：必須於法有據。協會能夠提供政府參考的依據，他們才能檢視產品是否符合標準。這必須經過註冊與正式公告。」現今法規含糊不清，政府無法進行任何檢測。也因此，正如義大利，有關單位便不願業者任意使用這個名詞。事實上，2013 年秋季本書初版付梓之際，義大利政府也開始針對「自然酒」主題進行議會質詢，目的在提供更明確的規範，不過至今未有共識。

可以確定的是，整體而言自然酒在數量上確實逐漸增長。或許因著這樣的成功，進而在葡萄酒業界引發爭議。他們會說：「沒有什麼東西是真正自然的。」或說：「他們怎麼可以影射我們的酒不自然呢？」

然而事實上，有些自然酒農同樣不喜歡「自然」一詞。「這不是個很好的用字選擇，因為很容易在多方面被扭曲，」位於法國隆格多克（Languedoc）Le Petit Domaine de Gimios 酒莊的 Anne-Marie 如此表示。Bernard Bellahsen 也同意：「當我說自然酒時，我所說的是發酵後的葡萄汁。我所用的除了葡萄，還是葡萄，得出的成果便是葡萄酒，如此而已。」這樣的說法雖然並非言簡意賅，卻較為正確，因為有太多東西可以稱為「自然」，使它們感覺起來較為健康，但其實並不真是這麼一回事；「自然」兩字是個相當微妙的辭彙。

或許，「自然酒」實在不是最好的用詞。其實，一旦我們必須為字典上定義的「葡萄酒」額外加上任何形容詞，都是令人惋惜的。不幸的是，這個世界已經全然不同。如今葡萄酒已經不再是「發酵過的葡

上圖：
目前的情況是：沒有任何官方的酒標法規能讓消費者知道何者是「自然酒」。

他們終於了解了有機與自然葡萄酒之間的不同……

萄汁」了，而是「經過 X、Y、Z 過程發酵後的葡萄汁」。因此，「葡萄酒」一詞必須先經過認可，才能進而做出區隔。

然而，或許較不具爭議性的辭彙像是「鮮活」「純淨」「真實」「純正」「低干涉」「純粹」「出自農場」等，才能減少挑釁意味。然而，「自然酒」卻是目前全球描述這類酒款使用最廣泛的辭彙。不知為何，即便有許多其他替代辭彙可用，各地人們都以「自然」一詞來形容這類健康成長、對環境友善以及較少人工干涉，且較能真實表現出產地風味的葡萄酒。正如皮蒙區 Cascina degli Ulivi 酒莊已故的自然葡萄酒農 Stefano Bellotti 所言：「我並不喜歡『自然』一詞，但形勢比人強，你也沒辦法。就像即便你不喜歡『桌子』被稱為『桌子』，但你也不能因此叫它成『椅子』。」所以，只能繼續稱之為「自然酒」了。

無論是否經過認證（或能被認證），自然酒確實存在市面上。這些酒最基本的條件是來自有機農耕的葡萄園，在釀造過程中沒有增加或移除任何東西，最多就是在裝瓶時加入微量的二氧化硫。這使其成為最貼近 Google 搜尋出的「葡萄酒」定義：經發酵的葡萄汁。

「採收葡萄後發酵」或許聽起來簡單，仔細探究便會發現，自然酒的產生在其最為純淨的模式下，幾乎可說是奇蹟；因為唯有葡萄園種植、釀酒過程、瓶裝狀況三者臻至完美平衡才可能達到。

對頁與下圖：
自然酒源自孕育及保護生命的葡萄園，從葡萄樹、酒窖進而到酒瓶內。

葡萄園：具生命力的土壤

導演 James Cameron 於 2009 年拍的電影《阿凡達》（Avatar）中有一幕是這樣的：植物學家葛蕾絲博士看到推土機正鏟除一棵宛如柳樹般的神木時，她走入地獄門（Hell's Gate）控制室對著採礦部門主管大罵。我想，大多數觀眾對她所描述的潘朵拉星球裡的樹木生態應該都不熟悉：「目前我們所知道的是，這些樹的根部可能是以電化傳導做溝通，就像是神經元之間的突觸功用一般。」聽起來像科幻小說嗎？請再仔細思量。

雖然潘朵拉星球是個傳說，但是所謂樹木的溝通網路，正如葛蕾絲在電影中描述的，可並非只是科幻。卑詩大學的 Suzanne Simard 教授在 1997 年發現，樹木之間不但有所聯結，而且它們藉著根部彼此溝通。「依著樹木的需求，它們把碳與氮（及水）到處轉移，」Simard 教授這樣解釋：「它們彼此互動……希望能幫忙彼此生存下去。森林是個相當複雜的系統……有點像我們大腦的工作方式。」

連結這一切的是生長在樹根極小的菌根菌，它們將不同的樹根相連，創造出一個地下網絡，或許我們可想像為一幅拼接畫。這些生物體想來無比非凡，卻是我們腳下整個巨大、具生命力的生態系統中的一個小小環節。正如作者暨生態學家 Tony Juniper 在他 *What Has Nature Ever Done For Us?* 書中所言，此生態系統「可說是與人類福祉與安全息息相關的元素中最不受重視的一個」，甚至「被貼上『骯髒』的標籤，是必須避開、洗滌或以水泥鋪蓋掉的」。而這，正是土壤。

充滿生命力

土壤是活的，但這在現代農業中多半被忽視（見〈現代農耕〉，頁

上圖：
法國胡西雍（Roussillon）的 Matassa 酒莊裡，一隻甲蟲正沿著葡萄藤行走。

對頁：
具生命力的東西一定不會孤立生長，健康的植物亦是如此。葡萄樹與周遭環境發展出複雜的關係，在地上與地下衍生出複雜的網絡。

上圖：
義大利 Daniele Piccinin 酒
莊葡萄園的堆肥（左）；南
非 Johan Reyneke 的生物動
力法葡萄園（右）。擁有滿
是蚯蚓與其他微生物的健
康土壤，才能提供植物所
需的養分。

8-11）。實際上，「具估計，每 10 公克來自耕地的健康土壤所含的細菌數量超過全世界的人類總和，」Tony Juniper 進一步解釋。然而，科學對土壤生物學與土壤、植物之間複雜的關係則幾乎毫無所知。實際上，時至今日，健康土壤中所含有的大量生物都仍未被辨識出來。

唯一可確定的是，我們腳下這個地下世界其實暗藏玄機。當中有不少以細菌為食的原生動物，以及仰賴原生動物為食的線蟲，以真菌、上百萬節肢動物、昆蟲、蠕蟲為生的各樣生物，都在吃食與排泄中度日。植物不僅是旁觀者，它們也從根部排放出食物氣息以便吸引（並餵食）真菌與細菌，並藉此得到養分。當葡萄樹進行光合作用時，有 30% 的成果並非用在樹葉、葡萄與根部的生長，而是以碳水化合物

形態進入土中，瑞士自然酒農 Hans-Peter Schmidt 這麼向我解釋。這能餵飽 5 兆個微生物（超過 5 萬種不同蟲類），葡萄樹也跟它們建立了共生關係。為了能得到來自土地上的食物，這些微小生物提供葡萄樹各種礦物質養分、水分，並保護它們不受地下病原體的侵害。

　　與樹木類似，這樣的交換網絡同樣也能促進溝通。「地面下的溝通不僅止於菌根；方式多得很。」Hans-Peter 解釋：「地底下有上千個相互依存的微生物得以交換電子元素。正如植物之間的電流一般，這是土壤中的溝通管道。當你耕地翻土時，這個管道也因此被打斷。」

植物所需

　　除了具有溝通與防禦功能外，土壤對提供植物所需的養分也無比重要。首先，植物需要 24 種不同的營養素才能正常發展並完成其生命週期（在健康土壤中，植物甚至能取得超過 60 種不同的礦物元素，包括鐵、鉬、鋅、硒，甚至砷）。植物所需的碳、氫、氧等多數可以從葉面上取得，其他的則必須來自土壤。但植物無法直接吸收這類的養分，得靠土壤中的微生物來轉化成使植物根部能夠吸收的形態。少了這些重要的蟲類，葡萄樹必須整天萃取岩石中的微量元素，卻無法吸收。兩位國際重量級的農藝學家 Claude 與 Lydia Bourguignon 夫婦對我解釋：「我們可以給你看許多種在含鐵量豐富的紅色土壤上的葡萄樹，但它們的葉子都非常枯黃，因為得了缺綠病（由於缺鐵）。它們的根部基本上猶如坐在整片金屬上，因為土壤是死的，沒有微生物來處理這些鐵，結果就是生長在紅色土壤的枯黃植物。」

　　要使植物能吸收土壤的養分，其中一個重要元素氧氣必須隨時可

下圖：
奧地利史泰利亞邦（Styrian）的 Weingut Werlitsch 酒莊整片活力十足的土壤。

上圖：
具生命力的土壤較能忍受
具挑戰性的生長環境；像
是乾旱與驟雨。

對頁：
葡萄樹之間的這些農場動
物對地球有極大的益處。
不論是在南法 Béziers 山丘
葡萄園中覓食的小豬，還
是一大群在 Narbonne 附近
Château La Baronne 自然酒
莊裡吃著冬草的羊群。他
們不但對土壤施肥，也透
過糞便與口水增進土中微
生物的多樣化。這使土壤
得以保持彈性並具生命
力，同時也讓南非斯泰倫
博 斯（Stellenbosch） 的
Reyneke 酒莊成為在炎熱午
後打個盹的好地方。

供微生物使用。這意味著土內得充滿空氣，而這個工作必須由較大型的土壤動物群來進行，像是上下左右鑽洞的蚯蚓，以便建造出毫無阻礙的通道。可惜，這樣的地下網絡卻很容易被新式農耕法破壞殆盡。

其他好處

這樣互利的關係不僅存在於地底下，也發生在土壤表層。當地面上存在多種動植物，病蟲害便較難生存。「植物越是多樣化，就會有越多樣的昆蟲、鳥類、爬蟲類等在此具自我調節能力的競爭環境中生長。一旦被農業單一化所摧毀，一系列有害的細菌、真菌、昆蟲等都會開始孳生。」Hans-Peter Schmidt 解釋。簡單來說，生態環境一切都必須維持平衡；這樣的平衡則是藉著生物多樣化達成。

此外，具生命力的土壤會使葡萄樹更能抵抗極端氣候，這對現今變遷中的全球氣候形態不啻是項重要的資產。「施灑過除草劑的土地土壤滲透力每小時僅 1 公釐，健康的土壤每小時卻可達 100 公釐。」Bourguignon 夫婦解釋道。也就是說，雨水流入枯死土壤的速度相對緩慢。「生長在無氧的環境下，葡萄樹也開心不起來」，這進一步帶來水土流失的嚴重後果。解決此問題的方式是讓土壤重新擁有生命力，除了確保土壤具滲透力之外，也要讓它能如海綿般持續讓土壤擁有吸收與釋放水分的能力。「土壤中的有機物質能儲存比自身重量多出 20 倍的水分，因此能使土壤更為耐旱。」Tony Juniper 這麼說。

或許更重要的是，少了生命力的土地，也沒辦法真正稱為土壤。這是因為土中的有機物質必須由植物與蟲來轉化成土壤中最重要的元素：腐植質，所以，沒有生命便沒有土壤。自然酒農深諳此道，因此他們在葡萄園中孕育生命。他們增加園中的有機物質，如庭園堆肥、土壤覆蓋物、覆壤植物，減低土壤夯實，營造出適宜的環境讓生命得以存活。假如你散步在一座有機葡萄園中，可能會覺得園中凌亂不堪：香草、花朵到處生長，葡萄樹之間種植了不同的植物與果樹。幸運的話，可能還會見到牛、羊、豬、鵝等到處散步。在這一切看似混亂的背後，其實是均衡、美麗、健康而具生命力的土壤。

土壤是人類財富與福祉的無價泉源，是必須受珍惜的。畢竟，正如 Juniper 所提醒：「土壤是地球中一個高度複雜的系統，其重要性不需贅述。但說穿了，土壤其實宛如一層薄而脆弱的皮膚。」

HANS-PETER SCHMIDT
談具生命力的庭園

瑞士瓦萊州（Valais）可說是個農業單一化沙漠，在此只有死氣沉沉的土壤。殺蟲劑由直升機噴灑，葡萄園中幾乎看不到綠色植物覆蓋。每年有三個月的時間，開車經此處郊區時必須緊閉車窗，因為空氣中的殺蟲劑與除草劑惡臭如此強烈，甚至可視為有毒禁區。接管位於此地的葡萄園確實是項大挑戰。但是，僅僅一年，我們便已看到卓越的成果，生物多樣化增長的速度相當快。

八年後，我們看到鳥兒在此築巢，多種野生動物的蹤影，包括罕見的綠蜥蜴，還有

> Hans-Peter Schmidt 是 Mythopia 實驗葡萄園的經營者。這是一座占地 3 公頃的葡萄園，位於瑞士阿爾卑斯山下，並隸屬於 Ithaka Institute for Carbon。除了葡萄之外，Mythopia 還種有 2 公頃的水果、蔬菜與香草植物。

蜜蜂、甲蟲，野鹿與兔子從園中穿出往鄰近的森林去。裡頭甚至出現了超過 60 種不同種類的蝴蝶，占全瑞士三分之一以上的品種。

一個生態系統是否良好，看是否有蝴蝶便知道。牠們是所謂的「庇護物種」（umbrella species），可以突顯出整體環境的健康程度。在我們的葡萄園中，有著色彩豔麗、帶圓點的黑蝴蝶 Zygaena ephialtes（牠們其實是一種蛾）、翅膀貌似樹葉的突尾鉤蛺蝶（Polygonia c-album，俗稱逗號蝶），以及住在葡萄園周遭二十餘棵魚鰾槐灌木中的稀有藍蝴蝶 Iolas Blues。這類藍蝴蝶是瑞士瀕臨絕種的蝴蝶之一，因此能夠保護牠們是我們的榮幸。倘若你參訪鄰近的葡萄園，頂多能見到一兩種蝴蝶。但是在此，整年除了冬季以外，隨時都能見到十種以上的蝴蝶蹤跡。

Mythopia 葡萄園周遭的野生動物（Hans-Peter 的朋友 Patrick Rey 攝），包括大理石白蝴蝶、黃蜂蛾與壁虎。Patrick 花了整整四年的時間觀察、追蹤、記錄葡萄園中四季花開花謝等各種改變。

同樣的，葡萄園中全年都能找到可供食用的蔬果，如沙拉葉、草莓、黑莓、蘋果、番茄等，正如一座充滿活力的庭園裡該有的景象。在土壤表層增加植物競爭力對葡萄樹是好的，因為這能促使其往下扎根，同時也能提供大型或微型生物多樣化的棲息地。

我們也在園中飼養（非野生）動物。韋桑矮羊（Ouessant）是我們的最佳夥伴。牠們身形矮小，吃不到葡萄卻能鏟除野草並清理葡萄樹幹，若不是牠們，這些工作得由人工或機械來處理。最重要的是，牠們也增加了土壤的微生物多樣性以及土中有機物質，因為其腸道細菌（與其他分解菌）會經由糞便與唾液進入葡萄園中，對抵抗由土壤傳輸的病菌極有助益，得以使土壤與葡萄園更建康。

我們還有 30 隻自由放養的雞穿梭在葡萄園之間，這是源自古羅馬的傳統。牠們或多或少有助於促進葡萄園的經濟，畢竟在這座 3 公頃的葡萄園中可以容納 500 隻雞，這幾乎比葡萄酒本身的經濟效益還要高！

隨著園內生物多樣性益發複雜，葡萄樹本身也攝取更多的營養素，因此對疾病更有抵抗力。動物與昆蟲也是一個健康的生態環境中不可或缺的一部分。

生物多樣化好處多多而且不難達成。倘若你是從辦公室中撰寫如何促進生物多樣化的專案，紙上談兵只會讓一切看似過於複雜難以實行。但如果親自站在土地上，你便能清楚發現這其實相當單純。只要堅持一個基本原則，像是「葡萄樹不應該種在離樹木 50 公尺外的區域」，光是這點便有深遠的影響。在我們 0.8 公頃的葡萄園中，除了葡萄樹以外，還種有約 80 棵樹，所以算是較為極端的例子。即便大型葡萄園同樣能這麼做。例如我協助的一座西班牙葡萄園便問我：「我們為什麼要種樹呢？你看從這裡到海邊 500 公里的距離裡一棵樹都沒有。」但他們還是聽從建議把樹種下。三年後，他們不但注意到園中的改變，如今也誓死要保護這些樹。

葡萄園：自然農法

上圖：
Patrick Rey 在瑞士葡萄園 Mythopia 系列記錄影像中（見上篇）拍攝到的黑鳥。在這座阿爾卑斯山葡萄園內的土壤從未被犁地耕作過。

要從非以自然農法耕作的葡萄園中釀造出類似自然酒的產品並非不可能（見〈酒窖：具生命力的葡萄酒〉，頁 47-50）。原因在於自然界的生命——尤其是微生物——是極具彈性的；即便遭受化學藥劑的侵襲，多半還是得以存活。不過，葡萄風味的複雜度、品質與結構紮實度都會受到影響。原料本身若不平衡，問題通常也會在之後的釀酒過程中浮現。例如，倘若你使用殺除劑，就可能削弱酵母菌種的數量，發酵過程便較困難，進而導致必須進行一連串的人工干預。因此，酒要自然，你的耕作方式便得自然，葡萄必須生活在具生命力的健康土壤中，並被豐富的微型動植物所包圍。

自然酒農使用許多不同的農法來達成這個目標，目的都在使植物能不依賴果農生存而能自謀生路。最理想的狀態是創造出一個整體平衡的環境，因為只要其中一種生物受到侵害，便會導致其他問題。因此自然酒農會尋求真正的生物多樣化，使所有的動、植物都因此結為盟友，能與農夫一同對抗各種病蟲害。

酒農多半會選擇與混用不同農法耕作，以下就部分方法來詳述。

有機農耕法

許多有機農耕法採用的原理其實存在已久，但是人們開始對有機法有所意識則要到 1940 年代才開始；這得歸功於 Albert Howard 爵士（1873-1947）與 Walter James（1896-1982）帶頭展開的有機農耕運動。

有機葡萄種植法（正如其他有機農法）旨在避免於葡萄園使用人

工合成的化學藥物，這也包括限制或禁止殺蟲劑、除草劑、殺除劑以及人工化肥的使用，而以植物或礦物所製成的產品來抵擋病蟲害，促進土壤健康，增強植物的免疫系統與養分吸收。（有機葡萄種植——也就是自然酒生產者所採用的農耕法——不能與有機葡萄酒釀造混為一談，因為有機與生物動力葡萄酒的認證上與自然酒可能有所不同。見〈結論：葡萄酒認證〉，頁 90-91。）

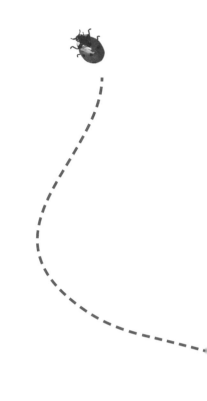

　　有機食品風潮正熱，但對葡萄酒來說，這股熱潮來得相對緩慢。對此，生物動力法農耕（biodynamic farming）顧問及葡萄酒作家 Monty Waldin 解釋：「1999 年時，我曾經估計在 1997-1999 年之間，全球僅 0.5～0.7% 的葡萄園具備有機認證或正準備要轉換為有機。」所幸，時至今日，這個情況已經有極大的改變。Waldin 接著說：「我預估現今全世界應該有 5-7% 的葡萄園為有機或處於轉換期。」

　　如今，全球提供有機認證的機構有十多個，包括 Soil Association、Nature & Progrès、Ecocert 以及 Australian Certified Organic，每個單位都有自己的規範與標準。

生物動力農耕法

　　生物動力法是有機農耕法的一種。1920 年代，由奧地利人智學家（anthroposophist）Rudolf Steiner（1861-1925）根據傳統農耕方式發展出來，以作物混種與畜牧業的發展為核心。與有機農耕的不同點在於，生物動力法強調預防勝於治療，同時也鼓勵發展出自給自足的農

下圖：
在南法隆格多克一胡西雍的 Les Enfants Sauvages 生物動力葡萄園一景。

場系統。所有在園中施灑的製劑，都來自植物（如蓍草、洋甘菊、蕁麻、橡樹皮、蒲公英、纈草、木賊等）、礦物（石英）與糞肥，目的在於激發微生物的生活環境，增強植物的免疫系統，並改進土壤的肥沃程度。

這樣的農耕方式是將整體環境納入考量，而非視之為單獨個體。如此一來，農場成為大地的一部分，也是地球以及浩瀚太陽系中的一份子，眾星體之間有相互影響（例如引力與光等）。因此地球上的生物在本質上都受到這些強烈外在因素所影響，而生物動力法便將這一切都納入考量。

有些人頗難接受這樣以天文學角度來看待農耕，但其中許多規則不過是基本常識。正如在我從一副巨大的望遠鏡往外看時，天文學家 Parag Mahajani 博士對我說的話：「人們很難理解月光有多亮。也沒料想到滿月之際，植物生長其實更為快速。」

同樣的，一旦將潮汐與月亮引力對海洋的影響納入考量，這樣一來，我們就能很快理解多半由水組成的植物也會受到極大影響。正如 Mahajani 博士所說：「潮汐對地球有極為深遠的影響。萬有引力無所不在，不論是對空氣中的氣體、在陸地或水中，我們周遭的一切都在無止盡的上下移動，所有的建築物、道路、圍牆、水泥地等，都受到潮汐的影響。但是由於在固體中，分子的結合比在液體或氣體中強而緊密，因此較難察覺。」採用生物動力法的農民便以此斟酌擁有的選擇，包括何時修剪葡萄藤或何時為葡萄酒裝瓶。想了解其他關於自然動力

上圖：
在智利一座葡萄園上方的月亮。這顆繞著地球運轉的大型衛星對地球有深遠的影響。

對頁：
在奧地利 Strohmeier 酒莊葡萄園中有個築巢於葡萄樹之間的大黃蜂窩。該酒莊是奧地利最為前衛的自然酒莊之一。

法絕佳的操作實例，可以參考 Maria Thun（1922-2012）的著作。詳見〈補充資料與書單〉，頁 217-218。

其他的自然農耕法

我個人最欣賞的兩種是：東方的福岡正信（Masanobu Fukuoka, 1913-2008）與西方的樸門農藝（Permaculture，或稱樸門永續農耕）。

福岡正信是位日本哲學家，以其所謂「無為而治」卻有驚人成果的農耕法出名。在他《一根稻草的革命》（*The One-Straw Revolution*, 1975）一書中便提到自己如何以不耕種、不灌溉、不施灑除草劑的方式，達到與鄰近稻田日日耕作的農耕法同樣的稻米產量。

至於樸門農藝則是 1970 年代由澳洲的 Bill Mollison 以及 David Holmgren 創造出來的辭彙。正如我一位樸門農藝學家朋友 Mark Garrett 所言：「這是一種藉由審視農耕方式，使你思考耕作過程，進而

下左：
Le Petit Domaine de Gimios 酒莊的雞。動物的畜養是綜合農業中不可或缺的一部分。

下右：
Daniele Piccinin（擁有同名酒莊）用園內的植物調出製劑來治療葡萄病蟲害。（見頁 76-77）

設計出一種自給自足的系統。沒有任何一種樸門農藝是相同的：不同的背景、狀況，意味著需要不同的樸門農藝法。有人採用有機農耕，有人使用生物動力法，有人不想被貼上任何農耕法標籤。樸門農藝涵蓋了世界上不同文化所遵循的一種概念：不論採行哪種農耕法都應能豐富我們周遭的環境以及在這裡依存的一切生物；包括之後的世世代代。」

結論是，不論是有機、自然動力法或樸門農藝，重點並不在於農耕法的名稱，而是使用動機。根據我的經驗，任何「不污染」環境的農耕法都會帶來良好的效應，但純粹為了行銷目的而「轉綠」的農耕法不會創造出一座令人感到興奮的農場；因為這是件必須投注相當心力的事。要轉變為無污染的農場，一開始總是特別辛苦，因此動機很重要。你所需認清的是，你現在這麼做是因為未來並沒有其他更好的方式了，而不是因為這樣會為你帶來更多的顧客。

下圖：
Frank Corenlissen 正在其位於西西里島埃特納火山（Mount Etna）山坡上岩漿豐富的 Barbabecchi 酒莊內照料葡萄藤。他使用的是受到福岡正信所啟發的低干預農耕法。

PHILLIP HART & MARY MORWOOD HART 談旱作農耕

一開始，我們便決定要走高科技路線。我心想，只要有電腦連線，我便可以繼續待在橘郡（Orange County），只需按按鍵盤就能打開噴水系統……我們也請了一位宛如007龐德般帥氣的顧問。他們計畫放探針到土壤裡，所以我們能夠以遙控方式知道土壤溼度值；我們非常喜歡他們提出的構想。

不過我們經常旅行各地，所以清楚一直接受人工灌溉的老葡萄園會出現何種狀況，也知道其實是有其他方式的。因此我對這位顧問說：「我們何不採取旱作農耕呢？」

「這行不通。」他才剛從大學畢業，而附近的學校——加州大學戴維斯校區、柏克萊大學、加州州立理工大學、索諾馬州立大學——沒有一所教學生去想替代方案；因為這些方式被視為不符合經濟效應。因此，即便我們想要在葡萄園中採用旱作農耕與灌木式引枝法，最後還是決定走高科技路線。

直到有一天，我們造訪了一家附近從來沒見過的酒莊。站在吧台後面的那位女士好像有點醉了。我不是開玩笑，因為她倒給我那杯紅酒是我見過倒得最滿的一杯。Phillip 跟我互相對看了一下，心想，假如我們不喜歡這酒那可就頭大了。我們嘗了一口，這是山

AmByth（威爾斯語「永遠」之意）酒莊是個採用旱作農耕的8公頃有機葡萄園及釀酒廠，位於加州 Paso Robles 產區。莊主夫妻檔栽植了11種葡萄品種，同時也養蜂、養牛與雞，並種有橄欖樹。

吉歐維榭（Sangiovese）與卡本內蘇維濃（Cabernet Sauvignon）的混調酒款，天啊，真是好喝。

「這酒是哪裡來的？葡萄是怎麼種的？」
「就種在這裡，是用旱作農耕。」
「是誰種下這些葡萄的？」
「我先生。」

我們隔天跟這位先生見了面。他是個經驗老道的葡萄種植者，一直用旱作農耕。他對我們說：「你看看這些雜草。假如雜草能夠生存，葡萄樹也能。」就這樣，我們解雇了那位超高科技的顧問，而且毫不後悔。

Paso Robles 這裡缺水嚴重，我們的地下水位在過去十年下降了31公尺，這是葡萄園開發的直接影響。我們聽說未來幾年將增加8,094公頃的葡萄園，這麼一來地下水位會受到什麼影響呢？這一點都不環保。一片原來沒有人工灌溉的土地轉變成必須仰賴人工灌溉的葡萄園，卻沒有足夠的雨水補充流失的

水分。因此，問題出在哪裡大家心知肚明。每個人自家的蓄水池有一天都會乾涸。

但是最可悲的莫過於大批由非本地人所買下的種植區塊。買了附近81公頃土地的，可能是來自洛杉磯或中國的外地人，對他們來說，此區地下水乾涸與他們並沒有直接的關連。當他們把鄰居的水也一併抽乾後，就拍拍屁股走人了，因為這不過是筆投資。

「假如我們買下324公頃地然後種243公頃葡萄樹，兩年後的收成會是如何？」「我們多快才能回本？」沒錯，假如仔細估算一下，其實四年就回本了。在那之後，他們就不用擔心，反正其他都是多賺的。假如投資虧本了，他們只要抽身即可。倘若採用旱作農耕，回本的速度便相對較慢，造成的結果也和我們酒莊的名字意涵一樣，是永遠的。

這裡是全加州最乾燥的農作區之一，降雨量比那帕（Napa）要少得多。即便是跟101公路的另一頭相比，這裡也僅能得到那裡一半的雨量。因此，倘若我們都能採用旱作農耕，其他區域絕對也行。我們的基本信念是將葡萄樹視為雜草一般。葡萄樹喜歡生長，它們有強烈的求生意志，在植物界中宛如殺不死的蟑螂一般。這樣想不是很妙嗎？

上圖：
不同於多數加州葡萄園，AmByth 酒莊的灌木叢葡萄樹是採用旱作農耕。

左圖：
Mary 與 Phillip 也自己飼養蜜蜂。「我們的蜂蜜很濃稠、醇厚、色深，口感豐富。因為這些蜜蜂是吃自己的蜂蜜長大的。每個蜂巢每年可以生產出約18公斤的蜂蜜，我們總會留下至少一半給牠們食用。」

葡萄園：了解 Terroir 的意涵

　　要了解自然酒何以如此特別，必須先回原點了解何謂「terroir」，這也是一款「優異」的自然酒會呈現出來的特質。簡單來說，terroir（產區風土）是個法文詞，源自法文字「土地」之意，之後用以指「表現出地方風味」，也就是彰顯出特定一年該區某些獨特而無法複製的各樣因素（如植物、動物、氣候、地理環境、土壤、地形等）。

　　這個字可以用來描述與農業相關的作物，像是橄欖油、蘋果酒、奶油、乳酪、優格等。「這是個絕佳的概念，當人們開始注意到生長在一個特定地區的植物或動物呈現出一種其他地區無法複製的風味時，這對消費者來說是一種相當有力的保證。」法國羅亞爾河（Loire）產區生物動力法生產者，也是酒農協會 La Renaissance des Appellations 創辦人 Nicolas Joly 如此解釋。

　　人類在這個過程中也扮演了相當的角色；但僅一小部分。假如人們開始占主導地位，該處所表現的在地風味便會降低。香檳區最具指標性的生產者之一 Anselme Selosse 將此解釋得很清楚：「當我還是個年輕的釀酒師時，要我屈服於大自然根本不可能。我下定決心要當控制者，我完全主導了葡萄種植與釀酒方式。但即便所有的釀酒過程都按照我想要的方式，釀出的酒卻沒有一款讓我看上眼。直到我終於了解自己的做法完全是有害而無益的。要想創造出偉大的藝術，藉此表現出這個地方的原創性與奇特性，我就必須放手讓它自由的表現。」

　　不同的年份會出現不同的生長環境，也會影響在該區生長的一切生物。它們在食物鏈中相互共存、密不可分；也可能它們正好在那段時間出現在那個地方。結果是產生出無比微妙的網絡，比人手能做的

對頁：
土壤成分、氣候、向陽面與高度都是影響產區風土的因素。

「人類史上頭一遭，不需產區風土，只需使用化學製品便能釀出葡萄酒。」—— Claude Bourguignon，法國布根地農藝學家

要更複雜。充滿玄機的大自然總能創造出更微妙的東西。

正如法國羅亞爾河產區自然酒農 Jean-François Chêne 所解釋的：「每年我們都採用同樣的手法，但結果總是不盡相同。因為年份不同，每年總有些微差異，這正是有趣之處。」不過，年份的差別也可能來自葡萄園中的人工干涉（例如使用除草劑或甚至人工灌溉）或酒窖中的處理（見〈酒窖：加工助劑與添加物〉，頁 54-55）。事實上，現今許多葡萄酒都以維持品牌一致性的理由用人工方式消除其中的不同點。

葡萄酒是種農產品，是由活的生物在特定的地方、特定的時刻創造出來的，是由各個生命體所創造出的產品，將之加總便成為產區風土。少了它們，便無法表達出產區風土。

正如南法隆格多克 Le Petit Domaine de Gimios 的酒農 Anne-Marie Lavaysse 所言：「自然酒的意義在於使用大自然給予的一切來釀酒。簡單來說這就是每年葡萄採收後的成果。」既然這是經過培育與維繫生命而得來的飲品，基本上各個過程——從葡萄園、酒窖、瓶中直到酒杯內都會充滿生命力。

Jean-François Chêne 便如此精簡地下了結論：「對我來說，最重要的便是尊重這些活的生命體。」

上圖：
這個位於法國 Sologne 的 Les Cailloux du Paradis 是 Etienne 與 Claude Courtois 父子所擁有的生物多樣化葡萄園之一，其周遭圍繞著原生樹林。

對頁：
Nicolas Joly 位於法國羅亞爾河產區的生物動力法酒莊 La Coulée de Serrant 的秋景。

NICOLAS JOLY
談季節與樺樹汁

每個星球都與一個樹種相關。以樺樹為例，它們便屬於金星。站在樺樹旁邊與站在橡樹旁是相當不同的，樺樹不會堅硬死板、體型也不大，不會譁眾取寵，更不會攀爬到別的樹上；相反的，樺樹柔順而多變，外型簡直就像個未完成品，不像柏樹宛如蠟燭燭芯般形狀完整。樺樹很容易種，幾乎到處都能生長。

有人曾經對我說：「想了解金星會有的表現，你只要想像自己家裡來了客人，大家正興高采烈地聊天。突然，一個人安靜地走進來，給每位客人一杯茶，邊說：『我想你們應該口渴了吧。』」這就是金星。柔性而敏感，基本上這也就是女性的能量。

當你在收取樺樹的樹汁時，便宛如將春天的精髓一併收入。一切都被喚醒，重新開始，一切都爆發出新生命。喝下它，全身都生機煥發，這也是為何這麼多人喜歡使用Weleda（依照人智學家 Rudolf Steiner 博士的理念而成立於瑞士的天然療方與保養品公司）的產品。樺樹是種常見的樹，因此任何人都能試著去收取樹汁，只要記住小心謹慎採集，記住自己是使用另一個元素所創造出來的成果滋養自己。

如何與何時採收樺樹汁

樺樹汁是樺樹葉生長的根源，是在樹枝萌芽而樹汁成為樹葉以前的循環之始。在這個時刻，倘若你仔細感受，會發現大自然正在運行，但一切卻仍是肉眼所不可見。這段時期就是你採收的大好機會，你有大約 10 到 20 天的時間（最好是當月亮處於上升位置時），當樺樹從地上吸收大量水分時，這些樹汁竭力向上，往尚未長出的葉芽送去。這樣的吸力生成了極大的壓力，正是你可以採收時。這段時期視地區不同，在我們這裡大約是 2 月 20 日到 3 月 4 日之間。

採集時，你會需要一把鑽頭約莫 5 公釐寬的小型木製手動鑽，一個大的空水瓶以及一條透明的虹吸軟管，像除草機化油器裡頭的那種。虹吸軟管的直徑必須和手動鑽一樣，

因此最好是先買軟管，再買手動鑽。

選好要鑽孔的地方，用手動鑽插入約 2 公分深。你很快便知道自己是否選對時間點。樺樹會噴射出樹汁，因此你所鑽的小孔馬上便會滲出水來。將軟管一頭插入小孔，另一頭放入空瓶中，然後瓶身緊緊綁在樹幹上。當樺樹正大量生產樹汁時，你必須每天來取瓶子並清空。我每天最多可以收集 1.5 公升。

你要記住的重點是必須尊重樹木。假如你鑽的第一個洞似乎沒有汁液生出，請不要再鑽另一個洞，因為可能季節還沒到，可以之後隨時過來檢查。這些樹汁最後都是要變成樹葉的，因此這是一個相當辛苦的過程。假如你是取一點自己飲用的話是無妨，但千萬不要逼迫樹木，因為這一定會造成傷害。一棵樹一個洞，絕對不要超過。假如你沒辦法全程監督取汁的過程，那我勸你不要鑽任何洞。因為一旦鑽了洞，你是無法再把洞給補上的。樹汁會一直流到樹已經累積至可以開始長出樹葉的水分，過程約需三個星期的時間。因此一旦開始，就不能任意結束。你必須每天採汁，有點像擠牛奶一樣。

當樹汁停止流出、樹皮開始乾燥且沒有水分時，就表示整個過程已經結束，這時便可以取出軟管，之後樹木便會自行癒癒。不過，為了表示你的感激之意，你可以用一點松焦油（又稱 Stockholm Tar）把洞補起來。由於你只需要一點點，約原子筆筆尖大小，因此千萬別去買那些人工合成的爛貨，那對樹木有害無益。完成後，向樹木道聲謝；記得，你所面對的是有生命的活物。

每年我可以收取約 30 公升的樺樹汁。只要放在冰箱，它們可以保存好幾個月。每日早晨第一件事便是空腹時喝一杯，宛如沐浴在春天的曙光。

下圖：
Coulée de Serrant 葡萄園冬日一景。

酒窖：具生命力的葡萄酒

「在顯微鏡下，自然酒本身便是一個小宇宙。」── **Gilles Vergé**，法國布根地自然酒農

自然酒常以法文「vivant」（意謂活力）形容，而「帶著靈魂」「富個性」或「深具情感」等多半描寫人類的語詞也常用來描述葡萄酒；但對許多人來說，酒不過是種毫無生命的飲品。

既然決定要仔細觀察這個「生命」，我便尋求我的科學家朋友兼學者 Laurence 的協助，因為她有門路可使用各種顯微鏡。我給了她兩瓶松塞爾葡萄酒，一款是大量生產的超市自有品牌，年產量好幾萬瓶，另一款是 Auksinis，由 Sébastien Riffault 釀製，每年僅產不到三千瓶。Auksinis 是款貨真價實的自然酒，沒額外添加也沒有移除任何東西。

兩個月後，Laurence 傳來了兩張葡萄酒在顯微鏡下的照片。相較之下的對比非常明顯（見右圖）。Auksinis 在顯微鏡下充滿了酵母菌，不少是死酵母，但還有很多還活著；至於來自大型超市的酒款相對死氣沉沉。Laurence 甚至還從 Riffault 的葡萄酒中過濾出（她認為是）乳酸菌（lactic acid bacteria, LAB）並培養出菌種。Auksinis 酒中充滿了微生物，但不同於重視消毒的西方思想，這些微生物相當穩定而且絕對美味。這款酒是 2009 年份，帶著明顯的酸度、些微的煙燻味，還有洋槐、蜂蜜與椴樹氣息，香氣奔放而純淨。沒有任何變質的氣味。

從外表看來，兩瓶酒沒有太大差別，兩者都來自松塞爾，都在英國銷售。但裡頭則天差地遠。兩瓶酒的口味當然相當不同，但兩者的差異遠超過主觀的「我喜歡」或「我不喜歡」這瓶酒。兩者在最基本的微生物學上完全不同。Auksinis 充滿了微生物；超市酒款則否。看完幾片顯微鏡下的玻片後，當晚Laurence為自己倒一杯Riffault，她喝下的不僅是一杯具生命力的葡萄酒，更是松塞爾鮮活風味的展現。

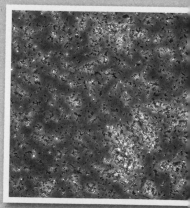

上圖：
在顯微鏡下的大型超市松塞爾葡萄酒（上）與 Riffault 的自然松塞爾 Auksinis 自然酒（下）。

PAS COMME LES AUTRES

CAVE A MANGER
VINS VIVANTS
BEZIERS

Tél. 04 67 48 53 05

釀酒科學

　　三個近期的科學研究也進一步證明了葡萄酒是具有生命力的，以及得以保存幾十年甚至幾世紀的論點。首先，2007 年《美國釀酒與葡萄種植》（*American Journal of Enology and Viticulture*）期刊刊載了一篇研究是關於「酒中微生物在陳年期的存活率」。研究團隊選擇了不同年份的波爾多酒，最古老的為 1929 年。他們發現年份越早的酒款，酒中擁有越多的酵母菌群。其中一款在 1949 年裝瓶的貝沙克－雷奧良（Pessac-Léognan）每毫升擁有超過 400 萬 cfu（Colony forming unit，菌落形成單位）的酵母菌群，作者們表示，這比現今許多裝瓶前的葡萄酒平均微生物種群總額超出 400～4000 倍不等；他們也發現其中 40% 的葡萄酒中含有乳酸菌。

　　到了 2008 年 6 月，瑞士研究機構 Agroscope Wädenswil Research Institute 的 Jürg Gafner 教授研究了 Räuschling 白酒中的微生物，其中最古老的年份為 1895 年。研究結果震驚了許多人，他自這些不同年份的酒款中分析出六種休眠中的活酵母，其中三種來自年份最老的酒款。

　　最後，或許也是最令人吃驚的，要屬一瓶 1774 年的侏儸黃酒（Vin Jaune）研究。在這瓶酒出生超過 220 年後，一群當地的葡萄酒專家群集品嘗這款酒，根據他們的描述，酒中帶有「核果咖哩、肉桂、杏桃、蜜蠟的氣息以及悠長無比的尾韻」。微生物學家 Jacques Levaux 後來在實驗室中測試這款酒，發現了休眠中但活力十足的細菌與酵母菌。

　　在這些研究中，細菌似乎掌握了一個有趣的祕密。正如維也納 HBLA und Bundesamt für Wein- und Obstbau 生物化學系的 Karin Mandl 博士對我解釋的。即便還在研究初期，Karin 希望能培養從不同酒款中所找到的細菌，找出負責葡萄酒陳年的菌種。布根地自然酒農 Gilles Vergé也很肯定這一點，「少了細菌，葡萄酒便無法陳年。因著細菌的存在，即便是老年份的酒款，口感依舊新鮮。這些細菌能存活幾十年，甚至幾百年，」他說：「它們不需要太多資源維繫生命，只要酒中能有發酵後僅存的丁點殘糖即可。」

有何益處

　　這麼看來生命是關鍵要素。不僅在葡萄種植或發酵過程，對酒是

上圖：
培養（élevage）對具生命力的葡萄酒來說是個十分重要的過程，隨著陳年的時間，酒質也得以穩定。自然酒壽命可以相當長，細菌的存在可能也是酒款是否具陳年實力的要素。

對頁：
自然酒生產者用天然酵母釀製出有生命的葡萄酒，同時也對酒款口感有正面的影響。羅亞爾河區農業生物協調部（Coordination Agro-Biologique des Pays de la Loire, CAB）的葡萄栽種與釀酒技術顧問 Nathalie Dallemagne 如此解釋：「從顯微鏡下觀察發酵中的葡萄汁，你會馬上看出其是否使用了商業酵母。它們的體型通常比天然的大，細胞結構則類似，畢竟它們起源相同。」

上圖：
Radikon 酒莊的酒窖，葡萄酒在木桶中熟成多年後才上市。

對頁：
Stanko Radikon 與兒子 Saša（如圖）過去幾十年來都在釀製無二氧化硫的傳統自然酒。

否能優雅陳年可能也有相當影響力。這不是說唯有自然酒才有生命，畢竟所有的酒都是由酵母與細菌組成（不論是否原生），因此在過程中的某段時間，所有的酒都具有生命，只不過自然酒更具活力。許多一般葡萄酒也都擁有微生物種群，只是數量多寡因素眾多——從農耕方式到釀酒過程與添加物的使用。舉例來說，在 Laurence 提供的超市酒款照片中見不到任何酵母菌的原因，可能就是葡萄酒經過澈底過濾造成的。

這類人為干涉除了對微生物群會產生影響，在口感上也似乎造成了變化。「含化學添加物的葡萄酒宛如一條直線，」Saša Radikon 如此形容。他的家族在義大利東部 Collio 產區釀製無添加二氧化硫的葡萄酒已有多年的時間。「這條線能有多長取決於釀酒師的功力，重點是，這條直線會突然結束。自然酒則截然不同，它們呈現波浪型，有的表現優異，有的則沒那麼好。正如所有的生物一般，最終它們都會死亡，但這可能是明天，或二十年後。」Saša 的解釋是，這基本上與酒液中的生命力息息相關，會隨著一年四季變化。「我們的酒窖沒有溫控，因此會隨季節而有所變化，在冬天，當外頭一切都靜止下來後，酒窖裡的葡萄酒也不會出現什麼改變。到了春天，當外頭一切生意盎然時，葡萄酒同樣變得活躍。酒中出現更多的氣息，嘗起來也不同。隨後到了秋冬之際，葡萄酒再度沉睡了。這些酒絕對是具生命力的。」

一款真正具有生命力的葡萄酒，宛如味覺的萬花筒，今天品嘗是一個味道，明天又是另一種。這些酒有著千變萬化、美妙而複雜的香氣，宛如嬰兒床上掛著的旋轉吊飾，每個吊飾都會自轉，隨著時間轉面，從來不會顯示相同的面貌，有時開放、有時閉鎖，有時收、有時放。就好像酒中的微生物需要時間甦醒，或索性躲在角落生悶氣。

現今人們開始討論「第二基因」（second genome）；就生物學的角度來說，人類不只是單純的自我。《紐約時報》（New York Times）的 Michael Pollan 便表示，人類除了背負著基因遺傳信息以外，我們身體的 99% 則是由其他東西所組成。葡萄酒也一樣，它們不僅是感官化合物、酒精與水的合成體，還有許多其他東西。一如人類，這些東西同樣具生命力，能保護、防衛、克服、成長、再生、睡眠，也會老化與死亡。這一切是葡萄酒之所以為葡萄酒、而非大量製造的簡單無菌酒精飲料的根本所在。

ANNE-MARIE LAVAYSSE
談葡萄園中的藥用植物

我對醫師處方藥向來沒有好感，都是以野生植物來治療自己、小孩和我的動物。因此，用同樣的方式照料我的葡萄樹也極具邏輯。有什麼會比以其他植物來幫助葡萄樹健康愉快成長更好的方式呢？

在葡萄園中，我允許野草遍生，因此葡萄樹是被南法的地中海灌木（garrigue）所環繞。這些香草由各樣植物組成，每一種都有特殊、強勁的香氣。我恍然大悟了：這些植物都是葡萄樹的鄰居，它們之間彼此共存共生。它們擁有相同的生活經歷，但這些香草卻沒有受到疾病侵擾。我已經認識其中的一些植物；更明確的說，我知道其中二到三種有助於潔淨與排毒。我也知道對葡萄樹來說，樹汁的流動是很重要的，因為這樣才能將體內的毒物排出，因此我跟著自己的直覺走。一旦我開始仔細觀察，植物便宛如開始與我對話。

我會在陽光下攪拌與浸製這些植物，並將藥汁塗抹在葡萄樹上。得到的結果令人驚奇：這些葡萄樹生長得優異非凡──沒有任何粉孢黴的跡象。如今，我這麼做已經超過十年了，這些葡萄樹依舊苗壯。

Anne-Marie Lavaysse 與兒子 Pierre，在以生產蜜思嘉（Muscat）葡萄酒的隆格多克密內瓦─聖尚（Saint-Jean de Minervois）地區擁有一座 5 公頃大的生物動力法葡萄園 Le Petit Domaine de Gimios。

至於我使用的植物是哪些呢？這依我所想要達到的目的而定。有些植物的功效在於消毒或抗菌，我用它們來治療發炎或幫助減緩發燒，其他則用來清潔或調節。它們適用於葡萄樹與人類。

例如，**鼠尾草**（Sage, *Salvia officinalis*）對淨化肝臟有無比的功效。它們可以用來當茶喝，或給葡萄樹使用，因為在人身上得以淨化肝臟，在植物身上則能達到排毒的效果。鼠尾草同樣也可消毒，因此能幫助消除那些想長在植物身上的黴菌。

貫葉金絲桃（St. John's wort, *Hypericum perforatum*），又稱聖約翰草，是另外一種很優異的療癒性植物，在葡萄樹之間經常可見著。這是種有著鮮豔黃色花朵的植物，相當美麗。我會將花朵最上端剪下並曬乾當做草藥茶，具有舒緩與緩和的功效。這也能幫助肌肉放鬆，並有助睡眠。它對身體的感覺神

經極具功效，因此能用來當做抗憂鬱劑。對人體與動物也都有止痛的用處。此外，你也能將花朵浸在油裡在陽光下放置三星期，之後便能用來醫治燒傷或減緩肌肉痠痛。

　　蓍草（Yarrow, *Achillea millefolium*）是另外一種具潔淨效果的植物，對女性極有功效。在女性經期疼痛時，我會給自己用蓍草花做草藥茶，當然你也能加入一些葉子。它非常有效，不但具舒緩效果，並且能幫助調節體內系統。若有需要，我也會用在葡萄樹上。蓍草含有天然的硫化物，因此具有抗菌的功效，有助於保護植物抵抗粉孢黴。蓍草也能幫助醫治內部組織，因此對傳送葡萄樹汁的葉脈也相當有益——當葡萄樹生病或接受到錯誤的治療，這些內部葉脈也會因而受到阻塞。

　　黃楊木（boxwood, *Buxus sempervirens*）。這種植物具有劇毒，因此必須小心並適量使用。黃楊木的花有抗菌效果，葉子則具潔淨成分。假如發燒時，以葉子製成的藥草茶會讓你發汗，使病毒得以排出體外。在黃楊木的生長季，我會撿回家裡儲存。我的做法是將葉子水煮五分鐘，將水倒出飲用。倘若你得了重感冒且發燒嚴重，或是身體非常不舒服，可以反覆以水煮葉子，並持續飲用兩天。這非常有效。

右圖：
Anne-Marie 以藥草像是岩玫瑰（*Cistus*）來醫治其葡萄樹，因為它擁有抗黴菌功效而能混合使用於草藥茶。

右圖：
Anne-Marie 同時也收集野生香草與植物用以醫療與食用。圖中這種野生茴香（*Foeniculum*）便是一例，她用來當做食材。

酒窖：加工助劑與添加物

上圖：
加州 Donkey & Goat 酒莊的葡萄篩選台，用來檢查葡萄品質。

多數人都以為葡萄酒是透過工匠藝術產生的產品。原料是葡萄，使用簡單的榨汁機、幫浦、橡木桶或不鏽鋼桶以及裝瓶設備所製成。實際狀況其實要複雜許多，除了二氧化硫、蛋、牛奶，多數的添加物、加工助劑與設備都因標示法規不足而得以在神不知鬼不覺的情況下使用。「在美國，酒廠甚至能加入去沫劑（anti-foaming agents）。」加州自然酒生產者 Tony Coturri 表示：「一旦用了這種助劑，就不需花時間等泡沫沉澱。倘若這種添加物用在雞肉或其他食物中，人們會說：『不對吧，你怎麼可以加這種東西？』美國食品藥物管理局（Food and Drug Administration, FDA）也會勒令你停業的。」

或許正因如此，釀酒師通常不願意討論他們到底在酒中加了什麼東西——即便都是完全合法的，結果是整個產業處於相當神祕的景況。與葡萄酒業務一同品酒時，我常訝異於他們對自己葡萄酒的了解只有品種、是否使用橡木桶以及熟陳多久，此外幾乎一問三不知。

例如，高科技設備能調整酒款的酒精濃度，或是微氧處理與過濾消毒葡萄汁。冷凍萃取法（cryoextraction）用來凍結葡萄，使果肉內水分固體化，榨汁時水分便不會進入酒液中。這個方式通常用來模仿像是經典甜酒產區如索甸（Sauternes）經過貴腐菌（*Botrytis cinerea*，一種灰黴菌）感染的葡萄所呈現的濃郁口感。其他具侵入性的設備像是逆滲透機能將葡萄酒的成分分離，按需求來移除不想要的水分（倘若雨下很多）或酒精等，受火災影響而沾染的煙味，或消除會產生「不佳」氣味的酵母菌種，像是酒香酵母（*Brettanomyces*，見頁 78）。

添加物與加工助劑的數量與規範依國家有所不同——南方共同市場（Mercosur，即阿根廷、巴西、巴拉圭與烏拉圭）允許使用超過50類的產品，包括血紅蛋白（haemoglobin）。澳洲、日本、歐盟與美國允許

使用的添加物更超過 70 種，其中包括單純的水、糖、酒石酸到令人難以理解的單寧粉、明膠、磷酸鹽、聚乙烯吡咯烷酮（PVPP）、二甲基碳氫鹽、乙醛、雙氧水等。此外，動物衍生物也很普遍，包括蛋白和溶菌酶（來自雞蛋）、酪蛋白（來自牛奶）、胰蛋白酶（萃取自豬或牛的胰腺）和魚膠（乾魚鰾的萃取物）。

這類人工干涉行為的目的通常都是為了節省時間，並幫助生產者在釀酒過程中能有更多操控，這對從事大規模生產的酒廠更是如此。因著商業實際面，像是酒廠必須在採收後幾個月內便將酒款上市以換取現金，也意味著這類人工干涉有時被誤以為是「有必要」。葡萄酒是極少數在主原料葡萄中便擁用轉變為酒所需的一切，所以其他任何東西都屬額外添加物。法國布根地自然酒農 Gilles Vergé 在裝瓶前，葡萄酒會在木桶中儲存 4 到 5 年。他在 2013 年秋天時對我說：「你看看現在市面上所賣的酒就知道，現在他們賣的是 2012 年份的酒款。過去，人們至少會等個兩到三年才裝瓶銷售。他們會等葡萄酒自行澄清，但現在生產者加速了這個過程。很快地，2013 年的薄酒來新酒（Nouveau）便要上市，但看看我的 2013 年酒款，現在還渾濁得像泥巴一般！要如此迅速地澄清是不可能靠天然的方式。」

這就是自然酒生產者不同的地方。他們所做的並非滿足需求，他們將葡萄酒視為自己的孩子，而非商品，因此不會只用最簡便的方式解決問題，而是想辦法使自己、植物、土地得到滋潤。他們生產的是表現出產區風土的葡萄酒，對此他們絕不妥協。

他們不使用特殊工具、加工助劑與添加物，因為這些東西會使酒變得較不「真實」。正如香檳區膜拜酒莊 Anselme Selosse 所言：「所有的一切都發生在葡萄樹本身，這也是一切被捕捉到的所在。正是在這裡，葡萄得以發揮百分之百的潛力。你不能在釀製過程額外添加其他的東西。你能消除或隱藏某些元素，卻無法因此為葡萄酒加分。」

上圖：
用腳踩葡萄是最傳統的破皮方法。這對果實來說是最輕柔的方式，也是至今仍在使用的技巧。

自然酒生產者將葡萄酒
視為自己的孩子，而非商品。
因此不會只用最簡便的方式解決問題……

酒窖：發酵過程

發酵過程是當酵母菌、細菌與其他微生物將複雜的有機物質（像是植物、動物與其他由碳所組成的物質）分解為較小型的化學物質。也是釀酒過程最重要的步驟之一。過程中，甜葡萄汁轉化為含酒精的飲料，那些讓葡萄酒變得有趣的各種成分藉此產生。若不加干涉，發酵過程通常分兩階段產生，首先是酒精發酵（來自酵母菌），接著是乳酸轉化（來自細菌）。

奇妙的是，這些促成改變的元素在我們周遭時時工作著。舉例來說，在一毫升的乾淨清水中含一百萬個細菌，而一毫升的新鮮有機葡萄汁中則含有幾百萬的酵母菌。這樣看來「當我們長大成人時，我們體內便有一個約三磅重、存放著『其他』東西的器官。」《紐約時報》科學作家 Carl Zimmer 這麼說。這當中有些是良性的、有些是病原體，其中許多則對身體健康有益。

上圖：
健康的葡萄來自健康的葡萄園，假如不加干涉，它們會自動開始發酵。

我曾在家發酵過食品，也曾釀製過幾千瓶的葡萄酒，對這些肉眼不可見的細菌尖兵存著極大的敬意；它們總是自動自發地展開任務，創造出極致的改變與令人垂涎的鮮美口感。舉例來說，只要在廚房裡放著麵粉與水，這麼一來，適合酸種發酵的環境便因此產生。將葡萄汁放在桶子裡，它可能會變成葡萄酒或是醋，單視哪一種微生物掌控主導權。事實上，酵母菌與細菌兩者在我們熟知的某些受人歡迎的食物——像是乳酪、義式臘腸、啤酒、蘋果酒與葡萄酒——中扮演極為重要的角色。當然並非所有的酵母菌與細菌總是我們想要的，但假如你強化那些好菌種，它們通常都有絕佳的機會能夠征服與保護它們所占據的空間。

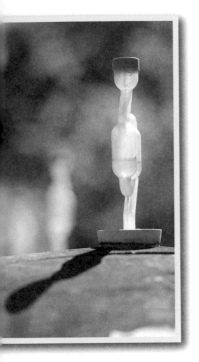

上圖：
Tony Coturri 位於加州的葡萄園所使用的氣塞。塞入木桶頂端，使二氧化碳能在發酵過程被釋放。

對頁上左：
自然發酵過程。

對頁上右：
在取出剛發酵完成的葡萄酒後，將剩餘的葡萄皮移除。

對頁下左及下右：
桶邊試飲以便確認葡萄酒的釀製進展。

酵母菌做了什麼

　　酵母菌是肉眼不可見的真菌，環境與時間對了便能迅速增生。對葡萄來說，酵母菌隨處都在，從土壤、葡萄樹直到酒裡。它們的工作是消耗葡萄汁的糖分，過程中酒精、二氧化碳與複雜的口味則是副產品。酵母菌可說是自然葡萄酒的關鍵所在。它們是產區風土的一部分，與土壤、葡萄、氣候、地形等一樣重要，數量每年依據環境變化，也造成了年份差異（見〈葡萄園：了解 Terroir 的意涵〉，頁 40-43）。在發酵過程的各階段，不同的菌種會開始運作，宛如骨牌效應，當老酵母死去時，新酵母菌便開始工作。尤其是熱愛糖分的釀酒酵母（*Saccharomyces cerevisiae*）對烘焙與啤酒極為重要，能很快取代其他酵母菌種，對葡萄酒的釀製過程更是至關重要。

　　要能展開有效而自然的發酵過程，數量繁多的酵母菌是必要的。倘若使用不同的菌株，葡萄酒中便會出現不同層次的風味。正如法國東部侏儸產區的 Pierre Overnoy 解釋的：「當 1996 年的官方採收期宣布時，我們測量了酵母菌的數量。那時細胞濃度為每毫升 500 萬個（約等於一滴果汁）。許多鄰居都開始採收，但我們決定再等一星期，直到達到每毫升 2500 萬。」對酒中毫無添加二氧化硫的 Pierre 來說，酵母菌的尺寸與是否健康是極為重要的因素。「為了避免在發酵時出現問題，並達到最佳的口感複雜度，酵母菌的數量因此越多越好。」

　　當發酵自然發生時，會比以一般方式產生的發酵時程更長，原因在於酒農面對的是無法預知的野生生物。這樣的發酵過程可能需時數週、數月，甚至數年。但一般葡萄生產者做法則十分不同，一般會以加熱、二氧化硫或過濾等方式消除原生酵母菌，加入從實驗室培養且經過測試的菌種，藉此減低風險、突顯特殊風味並加速生產。「酵母製造廠與葡萄酒界在描述產區風土時，兩者出現的相似之處實在很有意思，」大力主張自然發酵的 Nicolas Joly 表示：「消費者應該被告知葡萄酒中的香氣通常是在酒窖中添加產生的。」

　　的確，商業酵母製造商的宣傳冊內容相當耐人尋味。例如，「BM45：適合義大利品種山吉歐維榭的釀造，能帶出高酸度、低澀度及絕佳的飽滿口感……。酒中能呈現如果醬、玫瑰花瓣、櫻桃香甜酒（liqueur）的香氣，還有甜美辛香、甘草與雪松氣息，創造出傳統義大

利葡萄酒風格。**CY3079**：適合釀製『經典』白布根地酒款。能帶出花香、新鮮奶油、烤吐司、蜂蜜、榛果、杏仁與鳳梨等香氣，口感豐富飽滿。」

細菌做了什麼

幾百萬的細菌與酵母菌並肩工作，它們覆蓋於果實上、酒窖牆上。其中一種最有益的菌種稱為乳酸菌（LAB）——想像新鮮優格中的益生菌，它們在創造葡萄酒的過程中扮演相當重要的角色。在第二階段的乳酸發酵過程時，葡萄汁中自然存在的蘋果酸會轉化為較柔軟的乳酸，酒中質地與口感因此改變。嚴格說來這並不算發酵，但因為在轉化中會產生二氧化碳，並使酒中出現氣泡，此過程才因此得名。

自然葡萄酒多半經過乳酸轉化過程，因為一旦放任不理，細菌便會在酵母菌結束酒精發酵之後接手工作（有時會在之前發生，可能會有變成揮發性酸的風險）。有時，因特定年份或葡萄品種，乳酸轉化並不會發生；尤其當葡萄酒的酸鹼值（pH）很低時。

葡萄酒中還存在另一種主要的細菌：醋酸菌（Acetic acid bacteria, AAB），能發酵乙醇，產生醋酸並使酒出現所謂的「揮發性酸味」（見〈常見誤解：葡萄酒的缺陷〉，頁78-79）。倘若這些細菌占據主導地位，便會使葡萄酒腐敗，甚至使其變為醋。不少釀酒師會極力阻擋乳酸轉化，以便創造出特定的風格，尤其是風格活潑清新的酒款。這也意味著它們會遠離自然一步，而向創造出風格特定的酒款之路邁進。

生產者可以冷卻葡萄酒液、過濾或加入二氧化硫消除乳酸菌等方式來阻止乳酸轉化產生，甚至使用 Lalvin EC-1118 之類，能在發酵過程中不尋常地產生大量二氧化硫的商業酵母菌。我相信阻止乳酸轉化會妨礙葡萄酒的發展，剝奪了飲者享受完整風味與質地的機會。那些被特意阻撓發展的酒款，品嘗起來通常宛如受到緊箍咒的束縛；同樣的，葡萄酒有時也會加入乳酸菌，以便加速或控制乳酸轉化。

許多在酒窖中進行的人工干涉，目的都在管理自然存在的微生物群：將其削弱、減少或完全消除，降低它們的影響力，或幫助它們順利完成任務。一座健康的葡萄園會產生出健康而具活力的酵母菌與細菌群，倘若你使用的是優異、滿布微生物的葡萄，那麼正如一名酒農對我說的：「這麼一來，葡萄便不需幫忙，可以自己變成酒。」

上圖與對頁：
所有來自 La Ferme des Sept Lunes 的酒款都是經自然發酵，而且不論葡萄酒顏色與風格，乳酸發酵從未被抑制。

FRANK JOHN
談回歸自然

在提到土壤與植物時，必須先假想它們是人類。如果一個人一直吃個不停，結果便是過胖、工作效率降低。因此第一要件便是減重，這就是我對土壤所做的事情。如果你經常採用機械耕作土壤，並使用除草劑和化學肥料，這更是火上加油，也因此第一要件是讓土壤恢復平衡。

一旦耕種方式有了正面調整，首先你會注意到葉面積指數的降低——樹冠總量減少約百分之三十，不但葉子的尺寸變小，葉片間距也縮短了。植物整體變得輕盈，葉子也有移動的空間，得以隨風飄揚。當葉片較大時，葉子會因擁擠而重疊。一旦葉面變小，所需的水與光合作用相對減少，葉子的效能也相對提高。同時由於葉片輕盈而健康，所以更容易生存。所長出的新枝變得短而強壯，果實也較小，不再需要那麼多的能量。果實外表或許比較小，但所產出的果汁量卻相差不遠，有時甚至更多。以有機法耕種並不意味著收成降低，只要耕種方式正確，有了強健的植物，便能長出更多的果實。

一直以來，我所遇到的最大問題多半是土壤中的磷過量。二十世紀初，在工業不斷

上圖
Frank John 在德國法耳次邦（Palatinate）的法茨（Pfalz）產區擁有三公頃的生物動力葡萄園。過去 30 年幫助許多酒莊轉向有機栽種和自然酒的釀造。如今與歐洲各地 164 個農場（占地超過 9,600 公頃）都有合作。

迅速發展的背景下，煉鐵業盛行，其副產品為大量的灰燼，可用來作為農業肥料，特別適用於水果的種植。由於價廉，加上農民對未來的不確定性，因此大量為土壤施肥。他們對待土壤就像對銀行帳戶一樣，有錢時存入以便不時之需。結果就是過量施肥。

我曾處理過因施灑嘉磷塞（glyphosate）而受損的土壤，雖然很花時間，但五到六年後是可以從土壤中被消除的。甚至在義大利北部的Seveso，我也曾處理過在七〇年代因工廠爆炸而受到戴奧辛污染的土壤，雖然艱辛卻仍有救。但磷不同，你無法擺脫它，只能與它共存。葡萄藤對磷的需求很低，每公頃僅需二到三公斤左右。我曾見過每公頃負載一到兩千公斤磷的土壤，相當於土壤三百年所需的量。試想一次吃下三百年所需的食物量。營養過剩再加上使用強壯肥沃的砧木，其結果不難想像。

發酵所需的微生物則是另一個問題。一

般的酒窖通常佈滿了從實驗室培育出來的酵母和細菌，數量遠超過天然存在的微生物。它們充斥於幫浦、榨汁機、牆上及地板上。通常必須透過購買全新設備，並在葡萄園內進行發酵程序，才能排除來自酒窖內酵母的影響。藉此才能了解存在於葡萄園中天然酵母的品質和多樣性，進一步做出與覆蓋作物和開花期相關的決定。如果你想要以天然酵母進行發酵的話，擁有健康的昆蟲種群也相當重要。因為這些天然酵母是每年春天經由昆蟲被重新帶入葡萄園，因此需要有充足的花朵來吸引許多不同類型的昆蟲。

幸運的話，約莫三年便能擁有足夠的天然酵母，但一般通常會需要五到六年的時間，才能擁有夠強健與多元的天然酵母，能與實驗室培育出來的酵母匹敵。之後酒廠還得勤於清潔，否則可能幾十年都存在同樣的問題。一旦天然酵母強壯而健康、營養充足，最終便能勝過原本存在的培育酵母。但一開始時，那些原本存在的培育酵母會比天然酵母更為強壯。

如果認真考慮轉型為自然酒的種植與釀造，以下是一些能幫助你入門的方式：

1 增加土壤中的腐植質含量。完全停止耕種（甚至犁地）與合成肥料的使用。不要在土壤中添加任何化學物質或有任何動作，使土壤可以恢復並建立起腐植質。

2 使用自製堆肥。這使養分得以回到葡萄園，創造出良性循環，並且得以減少碳里程。

3 無論你是否採用生物動力法，都可以噴灑500 號（牛角糞肥）及501（牛角石英）製劑。兩者都非常有助於植物根部與土壤連

上圖
Frank John 在妻子和兩個孩子的幫助下經營自家的葡萄園。

結，並幫助葉子與大氣相連，葉子變得更為強壯，果實也會較為早熟。

4 使用堆肥茶（最好自製）。這是自氧氣充分的堆肥中提取出有氧水。用在土壤中能有助於增加微生物並防止厭氧的情況產生，同時也能噴灑在葡萄葉上。

5 使用自製藥草茶。可以用乾草和能夠支持葡萄藤健康的植物，如馬尾草，或是可以增進土壤肥沃度的植物，如長葉車前草。

6 最後，千萬不要使用合成化學噴劑。若使用殺蟲劑，葡萄園中便會失去好的昆蟲。若噴灑抗菌劑，就不會有好菌的存在。任何會破壞土壤的東西，都將使葡萄園做出正面改善一途難上加難。請記住，葡萄園本身是一個生態系統。

以上六個步驟需要從一開始便同時進行，而不是今年做第一步、接下來做第二步。這一切都必須同時發生。請記住你所做的是要震醒葡萄園。正如你若想戒菸，不能只是把每天抽一包煙改為抽一支雪茄或只抽幾根香煙，這無助你擺脫菸癮；植物也是如此。必須在完全歸零後，才能對症下藥。

酒窖：葡萄酒中的二氧化硫

「每當我在酒中加入二氧化硫時，總會充滿失落感；因為我知道葡萄酒中的某些風味已經因此消失殆盡。」——Damian Delecheneau，法國羅亞爾河產區自然葡萄園 Grange Tiphaine

上圖：
Gilles Vergé（如圖）與妻子 Catherine 是法國布根地的自然酒農，釀製美味且完全不含二氧化硫的葡萄酒。

「我們大力宣傳自己的葡萄酒不加任何東西，甚至二氧化硫，」法國布根地自然酒生產者 Gilles Vergé 說道：「我猜那些反詐欺與海關官員不太喜歡我這麼說，因此某天，他們來到我在布根地的酒莊門口。這是一演四年的荒謬劇的緣起，直到 2013 年春天才完結。他們想盡辦法挑我毛病，甚至使用超導核磁共振光譜儀來分析我葡萄酒中的成分。他們能檢測的都測了，想知道我有沒有在酒中加水，以及葡萄糖分的品質等等。我從來沒見過這類的分析檢測方式，真是眼界大開。最後，他們什麼都沒查到，連二氧化硫都沒有。酵母菌在釀酒過程中通常會產生二氧化硫，但我的葡萄酒中什麼都沒有。我對他們感到相當抱歉，因為這筆帳單一定不小。」

Gilles Vergé 的故事其實相當尋常。二氧化硫這個主題在今日的葡萄酒界有著兩極化的看法，原因之一在於人們清楚將之添加在食物中可能對人體造成的危害。二氧化硫的使用量（或不使用）已成為定義自然葡萄酒的重要元素之一。正如 Gilles 所說，酵母菌在發酵過程中會自然產生二氧化硫（通常為每公升 20 毫克），某些菌種則會產生更多的量。不過現今多數釀酒師所添加的二氧化硫量則超過許多，他們的說法是，二氧化硫是必要的防腐劑，若要釀出優異的葡萄酒，這是不可或缺的。

自 1988 年（美國）與 2005 年（歐盟）起，所有每公升含超過 10 毫克二氧化硫的葡萄酒都必須在酒標上註明「含二氧化硫」的警語。但問題來了，到底酒瓶中的二氧化硫為何？舉例來說，一瓶來自真正自然酒農的葡萄酒，在完全不額外添加二氧化硫的情況下，仍會自然產生每公升 15 毫克的量，而一般大量生產的葡萄酒添加的量有時可能

達到每公升 350 毫克，但兩者都標示同樣的「含二氧化硫」警語。在歐盟，法律允許的二氧化硫總含量依紅、白、甜酒不同，每公升可以達到 150、200 與 400 毫克；在美國則一律為 350 毫克。也因此，在目前的情況下，人們是無從得知自己到底喝進了什麼。

雖然二氧化硫可以源自硫元素，但大部分的亞硫酸添加物其實都是石油化學工業的副產品，它們是透過燃燒化石燃料並經由含有硫礦石的熔煉製造出來的。在釀酒時經常使用的硫化物化學成分，包括二氧化硫、亞硫酸鈉、亞硫酸氫鈉、焦亞硫酸鈉、焦亞硫酸鉀與亞硫酸氫鉀等（以 E220、E221、E222、E223、E224 與 E228 表示）。在英文中，它們通常也被葡萄酒界泛指為「sulfites」「SO₂」或錯誤的「sulfur」。

為何使用二氧化硫？

二氧化硫是葡萄酒釀製時常用的添加物，是以氣體、液體、粉狀或片劑形態出現，在各個階段都能使用：當葡萄採收後進入釀酒廠、當葡萄汁與葡萄酒發酵，或當酒液需要被移動或裝瓶時。因其抗菌的本質，二氧化硫多半用在發酵過程一開始，以便攻擊或消滅存在於葡萄表面的野生酵母與細菌，釀酒師便能在酒中植入他們選擇的菌種。

下圖：
Vergés 位於布根地的葡萄園。

上圖：
完全不含二氧化硫的葡萄酒意味著對人體較有益處。Le Casot des Mailloles 酒莊的創辦人及前莊主 Ghislaine Magnier 對二氧化硫過敏，他表示：「二氧化硫的問題在於不但可在許多葡萄酒中發現，它們還存在於許多食物裡，像是蜜餞、火腿香腸、新鮮的魚等，這是會累積在人體內的。」

對頁：
人工採收的葡萄以小箱子裝並運送到酒窖裡，能確保果實保有較長時間的表皮完整性，這可減少氧化風險與抗氧化劑二氧化硫的使用。

二氧化硫也常用來消毒釀酒設備，也可在裝瓶時加入以便穩定酒質。其抗氧化成分能保護葡萄酒不接觸到氧氣，並防止葡萄汁變為褐色。

在釀造一般的葡萄酒時，二氧化硫常被隨性使用，目的在控制那些所謂「具風險」的元素（如各種微生物），或是用以創造出特定風格的葡萄酒。相反的，自然酒農卻希望酒能呈現多樣化，他們因此認真的面對上天每年賜予的不同氣候環境。因為致力於維持健康與充滿活力的葡萄園，他們的葡萄因此充滿各種微生物群，因為不添加二氧化硫，發酵過程毫不費力。

有些自然酒農完全不使用二氧化硫，有些則會加入微量，尤其在裝瓶階段。使用二氧化硫原因多半是商業現實考量（例如酒農可能必須提早釋出酒款）、該年份極具挑戰性（因為葡萄疾病或氣候影響）、擔心運輸或儲存過程出問題，或純粹不放心，害怕葡萄酒出問題。索諾瑪郡的生產者 Tony Coturri 的解釋是：「葡萄酒的耐力超乎一般人的想像，不加二氧化硫其實不會有問題。」

更複雜的是，二氧化硫的使用又與各國文化息息相關。「德國、奧地利甚至法國，對二氧化硫使用的容忍度要高過義大利，」位於皮蒙區 Cascina degli Ulivi 酒莊已故的 Stefano Bellotti 表示，他自 2006 年起便僅生產無添加二氧化硫的葡萄酒。「1970/80 年代，我有 90% 的葡萄酒賣給瑞士與德國的有機進口商，他們基本上都會強迫我加入二氧化硫。有一次我的瑞士進口商甚至退回一整棧板的白酒，因為『酒中的總二氧化硫含量每公升僅 35 毫克。我沒有膽量賣這樣的葡萄酒。』」

「酒中只要加入一丁點二氧化硫都會有不同表現。不論喜歡與否，這類葡萄酒總是較為無趣。」自然酒農 Saša Radikon 表示。他的酒莊位於斯洛維尼亞與義大利邊界，他的父親是當地最早開始釀製無二氧化硫葡萄酒的先驅酒農之一。「在 1999 與 2002 年間，我們釀製兩種不同版本的葡萄酒：一種在裝瓶前加入每公升 25 毫克的二氧化硫，另一種則無。就香氣的發展來說，添加二氧化硫的葡萄酒總是慢了一年半；這樣的結果屢試不爽。每年我們都請專家品嘗這兩款酒，99% 的時間他們都偏好沒有二氧化硫的那款。這樣的結果並不令人意外，因為葡萄酒需要氧氣才能以完美的速度演化。更重要的是，我們也注意到在裝瓶後兩年，在加入每公升 25 毫克二氧化硫的那款酒中也毫無二氧化硫的蹤影。這樣一來你不禁自問：加二氧化硫的目的為何？」

二氧化硫簡史

葡萄酒界人士常會說二氧化硫早在遠古時期便開始使用了，但一經仔細探查，你便會發現二氧化硫的運用其實是相當晚近的事。因此我覺得應該將自己為此書做研究的過程所蒐集到的一些資訊集結於此。

八千多年前當葡萄酒最初在安那托利亞（今土耳其東部）或外高加索（即喬治亞、亞美尼亞）被「發現」時，並沒有添加二氧化硫的證據。即便五千多年後出現在葡萄酒歷史上的羅馬人，也沒有使用二氧化硫的跡象。「我還找不到任何明確的證據，」賓州大學生物分子考古學計畫的科學總監、《古代葡萄酒：追溯葡萄種植之始》（*Ancient Wine: The Search for the Origins of Viniculture*）一書的作者 Patrick McGovern 表示：「當我們檢測古時雙耳尖底酒瓶中殘存的葡萄酒時，從未發現任何足量的硫能證明是刻意添加的。」

任職於法國隆河省（Rhône）高盧羅馬博物館（Musée Gallo-Romain de Saint-Romain-en-Gal）的 Christophe Caillaud 也同意：「古人將天然硫磺運用在不同的地方。羅馬人用它來淨化與消毒，正如老普林尼提及的，龐貝古城的漂洗工以此漂白衣物。古羅馬政治家老加圖（Cato）也提到如何用它來對抗毛毛蟲的侵襲，以及做為葡萄酒瓶的塗層，但似乎沒有用硫磺當做葡萄酒防腐劑的紀錄；後者是從 18 世紀起，尤其在 19 世紀時開始盛行。」

我也請到過去曾為考古生態學家的阿爾卑斯山自然酒農 Hans-Peter Schmidt 協助，他的結論也相當類似。「葡萄酒作家常引用荷馬、老加圖與老普林尼的文字，可是除了老普林尼在《自然歷史》一書（第 14 冊第 25 章）錯誤地引用了老加圖（《關於農業》一書第 39 章）的話之外，三人的書與葡萄酒都沒有具體的關連。當然這尚須更多時間與研究來證明，但我認為在希羅時代，硫磺應該還被拿來幫助葡萄酒保存或消毒容器。」

反之，羅馬人倒是會使用不同種類的添加物（像是植物調製品、瀝青和樹脂）來調整葡萄酒的問題或改善葡萄酒品質。正如古羅馬作家 Columella 在《有關農業》一書中提到：「能以天然本色帶給人歡愉的才是最優異的葡萄酒；因為它們沒有被任何東西掩蓋住原本的味道。」

我能找到最早引用「葡萄酒加二氧化硫」的文獻，來自中世紀的德文文本。當中提到以二氧化硫消毒木桶，但這與葡萄酒保存無

關。「硫化物約莫於 1449 年引進德國，當時便有許多人企圖控制其使用量，」美國有機葡萄酒生產者 Paul Frey 指出，他對二氧化硫相關問題有極為深入的研究。這導致科隆在 15 世紀完全禁用硫化物，原因在於「它侵犯了人類的天性並折磨飲者」。約莫同時，德國皇帝下令禁止「葡萄酒的摻假狀況並嚴格限制在木桶中燃燒硫化物的做法。這僅能使用在髒木桶的消毒上，並以一次為限，超過此限便會受到法律懲處，」Frey 接著說：「而且每噸葡萄酒的硫化物用量不能超過 0.5 盎斯。」這大約等於每公升 10 毫克，也是今日用量的最低標準。

我們能確定的是，到了 18 世紀末，以燃燒硫磺芯（荷蘭商人發明的做法）用來保護與穩定桶中的葡萄酒（以便運輸）的方式十分常見。但即便當時人們都有所遲疑。「我找到我曾祖父 Barthélémy 在 1868 年留下的筆記，當時他便已經對酒中使用硫磺一事提出質疑，」波爾多少數碩果僅存的自然酒農之一 Jean-Pierre Amoreau 表示。他的酒莊 Château Le Puy 過去四百多年都以有機耕作，自 1980 年代起更生產無二氧化硫的酒款。「但當時他所使用的是基本的硫元素。」

到 19 世紀，一切都改變了，煉油廠大量出現，進而發展出石化工業。突然間，二氧化硫唾手可得。加上 20 世紀初英國發展出不同形態的交付機制，像是液狀的 Campden Fruit Preserving Solution 與固態的 Campden Tablet，這為二氧化硫的未來奠定基礎。如今二氧化硫已經可以直接加入葡萄酒中，而且成為相當普遍的做法。

上圖：
許多自然酒農絕不添加二氧化硫，其中之一便是 Henri Milan。他以蝴蝶為酒標（如上圖），其紅白酒都完全不含二氧化硫。

品嘗：以眼睛品味

「你知道最誇張的是什麼嗎？全球各地的飲酒者依舊認為酒液清澈才是品質的最佳保障。這真是荒謬無比。只要把葡萄酒倒進過濾器，它就會很清澈了！」—— Pierre Overnoy，法國侏儸產區自然酒農

上圖：
即便葡萄酒界普遍清楚，由桶中抽取的樣本葡萄酒因著自然演變過程，總是以混濁樣貌呈現，但在裝瓶時若仍混濁，有時便會被（錯誤地）認定是有問題的。

當我在 2013 年秋天前往侏儸與自然酒傳奇人物 Pierre Overnoy 見面時，他說了上述那段話。即便荒謬，但形勢比人強，人們確實是用眼睛來吃喝的，這對葡萄酒來說問題就大了。我經常在葡萄酒競賽中，遇到評審認為凡酒液不清澈便必須排除，不論品質好壞。同樣的，多年來，若是葡萄酒農釀出的酒款與官方預期的有所差距時，也會被當地葡萄酒委員會外銷承辦機構找麻煩（見〈圈外人〉，頁 108-111）。正如法國羅亞爾河產區自然酒農 Olivier Cousin 所言：「酒要清澈對我們很困難，因為我們的葡萄酒未經過濾，因此會有殘存物。但這個產業創造出一種『完美葡萄酒』該有的既定印象，因此我們的酒款被視為不完美。其實這些從純正葡萄汁所釀的酒才是真正完美的葡萄酒。」

葡萄酒來自葡萄，一經壓榨便會出現果肉、葡萄皮、活或死的微生物等殘留物，這類殘留物會隨時間沉澱，清澈的葡萄酒可以經換桶而後裝瓶。有些酒農，像布根地的 Gilles Vergé 則會等待多年後才裝瓶，以確保葡萄酒渣完全沉澱。有些人則在沉澱過程完成前便裝瓶（通常是資金緣故），使得酒液有些混濁。有些甚至是刻意與死酵母一同裝瓶，釀製出相當混濁的葡萄酒，如傳統的義大利氣泡酒 col fondo prosecco。此外隨時間演變，即便最清澈且具生命力的葡萄酒也會產生沉澱物。多數一般葡萄酒生產者會額外添加助劑或以澄清與過濾等方式加速葡萄酒的沉澱過程，創造出他們認定消費者想要的酒款。亦即葡萄酒農要面對三個選擇：長時間等待、讓酒混濁或進行人工干涉。

雖然酒液混濁有時確實是因為酒有問題造成的（像是因酒液再次發酵，使酒中會出現難聞的氣息），但多數時候並非如此（帶有沉澱物

的蘋果汁便是一例）。實際上，在品嘗某些混濁的自然白酒時，若先將酒瓶搖一搖，讓沉澱物分布均勻，更能讓葡萄酒增添質地、口感深度與整體均衡，或許可以用「讓骨頭增添點肉」來形容。你可以試試：先倒出一些在酒杯中，輕搖酒瓶後再嘗一次。你可以用這樣的方式品嘗自然微泡酒（pétillant naturels）、col fondo prosecco，或年份更老且未經過濾的白酒。（不過不要用同樣方式對待老紅酒或波特port，因為這些酒款的沉澱物較大，最好用換瓶方式移除。）

　　我們當中不少算是品酒老手。一旦聽到一些關鍵字（像是產區或品種）時，便開始搜尋腦中的葡萄酒資料庫，以這些知識做為品酒的依據，其中一個重要的評斷條件來自視覺。這對品評酒款的影響之大，甚至會改變我們從葡萄酒中所品嘗到元素。我曾經在一場盲品會（品飲者無法看到酒標）中，在一瓶麗絲玲（riesling）中加入無味的紅色食用色素。在場的都是相當資深的品酒專家友人。毫無例外，每個人都以為這是粉紅酒，甚至能從酒中找到紅色漿果氣息。

　　品酒時，我們非常容易被酒的外觀影響，在沒有外在條件的幫助下，人們很難辨識氣味。你可以在家裡試試看：請朋友將核果與水果乾切碎，越細越好，使它們不易辨識。接著矇住雙眼，請朋友一匙一匙地餵你。你會發現要分辨出兩者實在不容易。視覺的影響是如此之大，想要真正與氣味有直接連結，便必須抽離視覺的影響，單單專注於口中的氣味。這是需要訓練的，久了你就會記住單一的味道。

下圖：
先品嘗酒再決定你對一款酒的想法。你會驚訝於許多人常在看到酒瓶樣式、重量、酒標或酒液的外觀當下，便決定這款酒嘗起來應該如何。葡萄酒的外觀與品質完全無關。

品嘗：可以期望什麼

「對自然方式的崇尚是一條道路而非終點。我的目標是創造出真正表現出在地風味的葡萄酒，這是可以不經由人為修改而達到的目標。」──Frank Cornelissen，西西里埃特納火山坡上的自然酒農

試想當一致性勝過一切時會是什麼情景？舉例來說，未經殺菌的布利乳酪（Brie）對你而言代表什麼？工業化生產的卡門貝爾乳酪（Camembert）是否更像那些經過高度加工的乳酪，而非最初那口感無比濃稠、讓全球為之瘋狂的乳酪？以至於 1990 年代當歐盟決定禁止未經殺菌的乳酪時，遭到極大的反對聲浪。正如當時英國威爾斯親王所說：「這讓任何真正的法國人或其他人大感驚惶……對他們來說倘若無法自由選擇那些人類精心創造出來（尤其是法國人），美味無比但未經殺菌的食物，那麼生命便毫無意義了。」

因此，請試著將葡萄酒想成乳酪

倘若我們以此為出發點，便能以不同方式來體驗葡萄酒；不僅因為葡萄酒中有活的微生物存在，因此與經殺菌、高度加工方式製造出來的食品有所不同，我們也會更能接受因其「具生命力」所展現出的不同表現。倘若曾經嘗試康普茶（kombucha，一種經發酵含有酵母菌及活細菌的飲料）你便會了解我的意思。第一次品嘗時你會覺得奇怪；後來你知道它喝起來一開始會帶著甜味，但接著會出現明顯的酸度並帶著些許氣泡。一旦了解這是康普茶的特徵，你便會放心開始享受口中的飲料。這是因為未知是可怕的。至於葡萄酒就更為複雜了，因為我們以為自己對它相當了解，其實不然。人們多半充滿成見，而我們所喝下的多數酒款，與自己以為所喝下的實際上有相當的距離。

也因此，享受自然葡萄酒最好的方式是將自己對葡萄酒的了解放在一旁，重新開始。

上圖：
Le Casot des Mailloles 酒莊前莊主 Alain Castex 現今專注於自己的 Les Vins du Cabanon 酒莊。圖中是他在佩皮尼昂（Perpignan）舉辦的 Via del Vi 自然酒展中享受品飲之樂。在此展中，你絕對能遇上隆格多克─胡西雍產區一些最佳葡萄酒生產者。

對頁：
這些橘酒的外觀剛開始確實會讓人覺得有些不尋常。

本頁與對頁：
自然葡萄酒常以其優雅與
柔順的口感著稱。這款來
自炎熱氣候的葡萄酒，是
移居法國的南非紐西蘭人、
也是胡西雍酒莊 Matassa 的
莊主 Tom Lubbe（上右）
所釀製，他將這些特性發
揮得淋漓盡致；來自冷涼
氣候的布根地葡萄酒農
Gilles Vergé 也是如此（對
頁）。

自然酒嘗起來不同嗎？

　　常有人問我自然葡萄酒品嘗起來是否有所不同。要為此下一個粗略的結論是很困難的，因為自然酒極具變化，當你品嘗了本書第三部〈自然酒窖〉（頁 131-205）談到的酒款後，便會有相同的體驗。當然，它們之間確實也有一些共同點，舉例來說，所有優異的自然酒都極具活力（有時甚至讓人有觸電的感覺）並充滿情感。它們表現出更豐富的口感，通常也更加純淨。多半不會帶有過度明顯的橡木氣息，也不會有過度萃取的情況。以極為輕柔的方式釀製，酒農常將發酵過程比喻為泡製。事實上，當我撰寫至此，不禁想起咖啡與自然酒的相同之處。美味無比、經過輕烘培的咖啡豆，要比那些快速、粗暴萃取的濃縮咖啡機表現出更多的香氣（香味與酸度）與複雜的質地（油脂）。這樣輕柔而優雅的咖啡與自然葡萄酒相似。

自然葡萄酒通常也會帶著討喜而略帶鹹味的礦物氣息，這是自然酒農採取的農耕方式造成的。葡萄樹根被鼓勵向下往岩床生長，吸收具生命力的土壤中的礦物質。與土壤的實際連結意味著自然酒在酒質上比一般葡萄酒有更多變化。酒液的質地觸感相當不同，讓人幾乎可以用吃來形容品嘗葡萄酒的過程。此外，由於自然酒不經澄清與過濾，而是透過等待讓酒液穩定與沉澱，更加顯現出自然酒與其他酒款的不同。

或許更重要的在於法國人所謂葡萄酒的可消化度（digestibilité）。我們（特別是葡萄酒界人士）常常忘記葡萄酒是用來喝的，在品評葡萄酒時，美味度應該是最重要的要素。我們可以確定的是，所有好的自然葡萄酒都應該十分易飲。當中會帶著所謂的鮮味（umami），讓你分泌唾液，進而想要喝更多。當你了解多數自然酒農所釀製的葡萄酒，許多都是為了給自己飲用而非為特定族群所創造，也就不會覺得太過意外。總而言之，自然葡萄酒多數都相當輕柔而空靈，品嘗過的人多半都會讚賞酒款新鮮、易親近的特質。

它鮮活的特質，讓我們自然而然將之當作人來形容。有些日子它們會比較開放而大方，有時則封閉而羞澀。有些人將這樣的變化視為缺乏一致性，這是一種認知錯誤。一款好的自然酒，絕對有相當的品質保證，但香氣的變化——開放或封閉——則每日或依據葡萄酒與空氣的接觸比例有所不同。也因此，假如你覺得某款葡萄酒這次品嘗時沒有上一次印象中那般飽滿，我建議隔日再飲用，因為酒款可能會因此有亮眼表現。自然酒與一般葡萄酒的不同，在於後者表現年年如一，開瓶後 24 小時會變得十分封閉。自然酒的變化較為微妙，而且開瓶後壽命也較長（見〈常見誤解：葡萄酒的穩定度〉，頁 81-83）。

自然葡萄酒通常會帶著討喜而略帶鹹味的礦物氣息。這是由於自然酒農採取的農耕方式。葡萄樹根被鼓勵向下往岩床生長，吸收具生命力的土壤中的礦物質。

DANIELE PICCININ
談精油和酊劑

大多數的葡萄酒農，都會在葡萄園中使用波爾多液（Bordeaux Mix），這是一種混合了硫酸銅的藥劑。這對黴病的治療相當有效，卻有害於環境，原因在於銅是一種會在土壤與地下水中累積的重金屬。葡萄園中要完全不用這種混合劑是困難的，因為土壤必須富含養分且非常平衡；而真菌會在土質不平衡的情況下繁茂倍增。

我們想要找到方法取代波爾多混合劑已久。有一天，在不經意間，我遇到了一位以植物治療人體真菌感染的專家。我們討論起精油與植物蒸餾的話題，加上我對生物動力法的理解，我們開始創造出以不同植物提煉出來的精油與酊劑（tinctures），來幫助重整葡萄園整體的均衡。

這就是故事的緣起。

萃取

植物富含油脂，迷迭香、鼠尾草、百里香、大蒜與薰衣草都能放入銅蒸餾器中萃取出精油。其他像是蕁麻、馬尾草以及犬薔薇（*Rosa canina*）則富含多種物質，但不含油質。犬薔薇富含維他命，並能有效幫助身體

"Daniele Piccinin 在義大利的維若納（Verona）擁有 7 公頃的葡萄園，種植許多葡萄品種，其中包括 durella，又名 la rabbiosa，意思是「令人生氣」，原因在於其高酸度。"

吸收鈣質，因此相當適合更年期婦女。但因為無法用萃取精油的方式提煉這些植物精華，因此便必須以加熱及酒精來製作酊劑。

要製作酊劑，首先必須創造出生命之水（eau de vie），也就是以銅蒸餾器兩次蒸餾葡萄酒。這樣的結果類似於干邑（cognac）的釀製，酒精純度（proof）在 60% 至 65% 左右。將草本植物或花卉浸製在酒精中約 60 天，之後壓榨並將汁液放在一旁。

將剩下的固體殘餘物曬乾，接著開始燃燒過程。我們用的是室外的披薩烤爐，溫度在 350～400℃ 之間，這會使這些藥草變為煤渣。一開始它們被燒黑，正如烤肉的木炭一般，然後轉為灰色，最後則呈白色。最令人驚訝的，是這些白色灰燼所帶有的鹽分。我第一次嘗它時，幾乎無法置信，因為所有植物中的水與碳都被燃燒殆盡，剩下的是礦物鹽。

最後，將這些灰燼放入先前流下的液體中，浸製6個月。之後你就可以使用此酊劑於植物與人身上。

如此燃燒植物以萃取其最純粹的質體，是一種十分古老、名為鍛燒（calcination）的煉製術，是鍊金術中廣泛使用的技巧。在義大利，我們稱之為 spagyria，意即移除各樣無用的物質。將植物中的碳全然燒盡，剩下的便是植物的原始物質，它集濃縮植物本質於一身，力量強大。精油也是如此，將一滴純迷迭香精油滴在舌頭上，其味道之強烈，會讓你在之後的六小時完全無法品嘗其他東西。

酊劑與精油所需的劑量相當有限。30公斤的迷迭香能提煉出1公升的蒸餾水與100毫升的精油。聽起來不多，但是用來噴灑葡萄樹，我一次僅需5滴，加上100毫升的植物蒸餾水，混合在100公升的自來水中。單次的蒸餾可以使用在四次的採收上，因此你可以每年蒸餾一組植物，隔年再處理另一組。

我們第一次嘗試噴灑時結果並不理想，因為藥劑並未能在葉子上停留夠久以帶出任何功效。但是我們接著嘗試加入黏度較高的蜂膠，最後還加上松脂，這樣一來黏度更高且抗水性極佳。

這是一種緩慢的過程，需要花時間才能臻至完美。但是那些僅用精油與酊劑噴灑的葡萄園區塊，絕對比其他區塊更具抵抗力。不過我們每年還是會損失部分收成，而且仍須防範那些直奔灑上精油與酊劑葡萄樹的野豬與鳥類。

上圖：
浸泡在生命之水中的玫瑰果酊劑。

右圖：
Daniele Piccinin 的披薩烤爐，他用來燒煉有益植物。

常見誤解：葡萄酒的缺陷

「釀製優異的葡萄酒就是與葡萄酒的缺陷調情。」──Paul Old，法國隆格多克釀酒師

有些人錯誤地認定自然葡萄酒總是問題百出。當然，自然酒中會有一些標準不合格的酒款，其中不少是因為在低程度人工干涉的情況下處理不當所出現的問題。畢竟，即便是自然酒仍無法免疫於不專業的釀酒師。然而，真正壞掉的自然葡萄酒很少見，喝到許多完美自然酒的機會比遇上一瓶壞掉的自然酒機率相對大很多。

以下是一些最常誤認為是自然酒缺陷的徵兆，遇上時無須驚慌，因為它們都對人體無害。要判斷葡萄酒是否出了問題，最好的方式就是想想自己是否喜歡，假如答案是肯定的，那就放心喝下。

酒香酵母（Brettanomyces）：一種可能會在葡萄園與酒窖中占據主導地位的酵母菌，它會產生一些容易讓人聯想到農場的氣息。過多的酒香酵母會壓過葡萄酒原有的氣味。酒中帶著略微的酒香酵母氣味是好還是不好，在不同文化中有不同的觀點。舊世界普遍對此較具包容度，因為這被視為葡萄酒風格的一部分，同時也增添了複雜度，但若對澳洲生產者提及酒香酵母，他們則避之唯恐不及。*

鼠臭味（Mousiness）：這類細菌會在葡萄酒暴露於氧氣時產生，特別是換桶與裝瓶時。一旦葡萄酒回到無氧的狀態，這種細菌便停滯於酒中，而葡萄酒的風味頓失。鼠臭味在葡萄酒的酸鹼範圍內不具揮發性，但在口中品嘗時就會感覺到。鼠臭味的特徵是尾韻產生的酸敗牛奶味，那會維持很長一段時間。一般人（包括我）對此或多或少都有些敏感。南非自然酒農 Craig Hawkins 的解釋是，鼠臭味會在酸鹼值較高的環境下比較明顯。**

氧化（Oxidation）：這應該是被人誤解最深的葡萄酒問題了，原因在於許多人濫用了氧化一詞。氧化對酒來說是一種缺陷，但是「氧化風格」則否。不少自然葡萄酒帶著氧化風格，但真正氧化的是少數。具氧化

上圖：
鼠臭味來自葡萄酒與氧氣的接觸，這隨時都可能發生，但特別容易在換桶與裝瓶時期。

風格的葡萄酒釀造方式包含使葡萄酒暴露於氧氣中，有時甚至長達多年。二氧化硫含量低或不含的自然葡萄酒（特別是白酒），當然較容易接觸到氧氣，因此也容易出現氧化風格。這些酒款通常口感表現較為多樣，帶著些許新鮮果仁與蘋果氣息，色澤為較深的黃色。這些特徵不代表酒有問題（見〈自然酒窖：白酒〉，頁 144-161）。*

酒液黏稠（Ropiness）：酒液黏稠相當少見。這其實是因為某些乳酸菌株串聯起來，使葡萄酒變得濃稠具油性——也因此法文稱之為葡萄酒的油脂（graisse du vin）——不過酒的口感倒是不會改變。正如自然酒農 Pierre Overnoy 與 Emmanuel Houillon 對我解釋的，他們所有的葡萄酒都曾在不同時期出現酒液黏稠的現象，但最終都恢復正常的樣貌。有時在瓶中也會出現這樣的狀況，不過仍都能隨時間得到改善。**

揮發酸（Volatile Acidity, VA）：以公克／公升為單位，聞起來通常很像指甲油。酒中含量有受到規範，例如法國法定產區（appellation）葡萄酒中揮發酸每公升不得超過 0.9 公克。但葡萄酒不僅是單用數字就可以解釋的，一切都得整體考量。即便一款葡萄酒的揮發酸相當高，依舊可以表現完美；只要酒中香氣的濃郁度夠高得以支撐即可。*

其他特殊物質：倘若自然酒中有細微的二氧化碳泡泡出現，不用擔心，這是因為有些酒農特別選擇將自然生成的殘餘二氧化碳一起裝瓶，因為這可以幫助保存葡萄酒。假如葡萄酒是在所有糖分完全發酵前裝瓶，二氧化碳也可能在瓶中自然生成，也就是說，葡萄酒可能會再次發酵。假如葡萄酒味道不錯，便毋需擔心。不然你也可以在開瓶後搖瓶去除這些泡泡。酒石酸結晶體（tartrate crystals）有時也會出現在瓶中，尤其你將白酒或粉紅酒長時間冷藏的話。這類結晶體在採用一般釀酒法的酒莊裡會定期以冷凝法去除，自然酒農則不會這麼做。酒石酸結晶體是無害的，就只是天然的塔塔粉（cream of tartar）。**

　　那麼，下一次當你遇上酒中出現的這類缺陷時，可以自問：是喝一款帶點酒香酵母氣息或揮發酸的酒好，還是經 200 % 全新橡木桶熟成（釀酒過程中使用兩次新桶）的好呢？是要帶有氧化風格氣息的酒，還是要無缺陷、風味單調的酒款？複雜與缺陷其實僅一線之隔，畢竟，有個性也意味著與眾不同。對我而言，有個性要比乏味而重複性高的產品來得有趣。

上圖：
我拍攝的一款自己正在喝的葡萄酒中所出現的無害酒石酸結晶。我通常會把它們撿起來吃掉。你可以試試看，它們帶著檸檬般的爽口酸度。

* 也可說明此非自然酒專屬的缺陷。

** 多半僅會在採用自然方式處理的酒款出現。

常見誤解：葡萄酒的穩定度

飲食作家 Michael Pollan 在他的著作《烹》（*Cooked*）一書中提到一則令人大感驚奇的故事：一位康乃狄克州製作乳酪、擁有微生物學博士學位的修女 Noëlla Marcellino 做了個實驗，證明一個充滿細菌的環境可能遠比無菌環境更為穩定。她製作了兩個相同的乳酪：其一用的是老乳酪桶，其中帶著活的乳酸菌；另一個則為無菌的不鏽鋼桶。她在兩者中都注入大腸桿菌，最後發現，在木桶中的有菌環境下，桶內的細菌很快地進駐乳酪中，保護它不致受到外來侵擾；然而無菌的環境則成為大腸桿菌肆無忌憚的繁殖溫床，原因便是其中缺乏防衛的軍隊。

這或許與葡萄酒有著異曲同工之妙。隨著時間的改變，具生命力的葡萄酒自然能找到在微生物環境中的均衡點，因而比多數受到「保護」、充滿防腐劑的一般葡萄酒更具耐力。葡萄酒不需要另外添加防腐劑才能穩定；葡萄中已然擁有發酵時所需的元素，並能隨時間自然達到穩定。倘若釀製得當，一旦自然葡萄酒開瓶後，它們會比一般葡萄酒來得穩定，得以在冰箱中維持幾週的壽命。當然，它們的香氣會隨時間而改變，但不見得是走下坡。我甚至喝過一些開瓶一週後口感更勝於剛開瓶時的酒款。

總之，自然酒是一種具生命力的葡萄酒。它們比我們想像的更具耐力，但是，為了安全起見，請溫柔以對：把它們放在涼爽的地方，避免接觸火爐或日曬，這樣便不會出問題。

上圖：
自然葡萄酒具有長時間陳年的實力，原因或許在於內部的微生物環境。

對頁：
葡萄酒會隨著時間趨於穩定，這也表示有些酒款會在酒農的酒窖中陳放數年或數十年。在法國，這樣的過程稱為培養，與扶養小孩長大是同一個字。

「具生命力的葡萄酒是穩定的，即便在顯微鏡下或許並非如此。它們必須以自己的節奏完成內部的循環，如此一來，當它們上市到客戶端時，已然成熟。正如乳酪的熟成一般，太早吃，口感便不會那麼理想。」——Nathalie Dallemagne，羅亞爾河產區 CAB 組織葡萄種植與釀造技術顧問

左圖：
羅亞爾河產區自然酒農暨環保人士 Olivier Cousin 常由 TOWT（TransOceanic Wind Transport）以帆船運送酒款，這些船隻沒有溫控設備。葡萄酒放在船身中保持涼爽，有時會經數月的海上運行。

自然葡萄酒的運送

　　不同於某些葡萄酒界人士所言，自然葡萄酒並沒有所謂的運送問題。酒農經常將葡萄酒運送到遠方的國家，有時是用冷藏貨櫃，有時則在炎熱日曬下經一般船運輸送。

　　葡萄酒會隨時間而臻至穩固，這也意味著要節省成本，妥協是無可避免的。通常只能藉由添加物或加工方式達成目的，犧牲掉的不外乎葡萄酒的陳年能力或是天然程度。「我們酒莊的較老酒款並沒有穩定度的問題，」義大利自然酒農 Saša Radikon 表示，而他們的陳年酒款中沒有添加二氧化硫。他在 2013 年接受我採訪時說，「我們剛要推出 2007 年的葡萄酒，這些酒有六歲了，很穩定也很成熟，即便經歷了溫度的劇烈變化，只要給它們一些時間，便有能力恢復到原本的狀態。有些進口商是在盛夏 7 月船運這些葡萄酒，抵達目的地後，只需給這些酒兩星期時間便能恢復完美狀態。但是年輕酒款就很困難了，它們的架構還不完整也不夠穩定，倘若粗暴以對，酒質便會惡化。」對此，Saša 的解決方式是在年輕酒款裝瓶時，每公升添加 25 毫克的二氧化硫。

自然酒與陳年

　　並非所有的自然葡萄酒都適合陳年，事實上，許多易飲型的酒款都以能大口暢飲為釀製目的，需儘早飲用。然而市面上也有不少自然酒可以陳年。我個人就有不少窖藏，像是 15 歲的 Casot des Mailloles Taillelauque、1991 年的 Gramenon La Mémé，以及 1990 年的 Foillard Morgon。別忘了，多數葡萄酒向來都是自然或偏向自然的，直到不久前才有所改變（見〈現代葡萄酒〉，頁 12-15）。像最近我喝的 1969 年 Domaine de la Romanée Conti Echezeaux，口感不僅鮮活美味，還是不經額外添加的自然酒。陳年的酒款相當稀少，但你依舊能嘗到老年份的波爾多葡萄酒像是 Château Le Puy，當中不少是釀製於 20 世紀初！

上圖：
許多自然葡萄酒都能經多年窖藏而不成問題。

葡萄酒會隨時間而臻至穩固，這也意味著倘若你
想節省成本，犧牲某些部分是無可避免的⋯⋯

健康：自然酒對你比較好嗎？

「健康的土壤、植物、動物和人是密不可分的。」──Albert Howard 爵士，有機運動倡導者

上圖：
喝一杯富含抗氧化物的葡萄酒對健康有正面影響。

對頁：
簡單說來，紅色蔬果像是葡萄、番茄、紅椒、茄子都有高含量的抗氧化劑。

簡而言之，自然酒含有較少的合成物質，也因此，自然酒對人體來說應該比較好，這點似乎不令人意外（更不用說一般葡萄酒所使用的添加物許多都沒有受到法律規範）。不過，目前很少有針對葡萄酒對人體健康影響的研究，針對自然葡萄酒的當然相對更少。

儘管如此，自然酒迷（包括我在內）多半會提到一點：相較於一般葡萄酒，自然葡萄酒比較不會讓人感到頭痛。因為自多年前捨棄了一般葡萄酒不喝後，我便沒有再經歷過頭痛欲裂的情況。此外，科學也證實了這個說法。要真正了解這點，首先我們必須清楚造成宿醉頭痛的原因。宿醉是因為身體脫水而造成的，而在我們肝臟所發生的事十分有趣。人體吸收的一切都是由消化系統做分解，並送到肝臟交由酵素處理與測試，好成分會釋放到血液中，含毒素的成分則由尿液或膽汁排出體外。

酒精，或者更明確的說法是乙醇，便是這樣的毒素。它在胃裡被吸收，接著進入肝臟，它們被辨識為毒素，接著必須以排泄方式處理掉。肝臟中有一組酵素會將酒精轉化為乙醛；另一組則藉由麩胱甘肽（glutathione）的幫助將乙醛轉化為醋酸鹽，較容易被身體排除。問題在於，當我們喝酒時，麩胱甘肽會逐漸消耗，使大量未經處理的乙醛進入血液中。乙醛的毒素比酒精高出 10 到 30 倍，進入人體時便造成頭痛與暈眩。

簡而言之，麩胱甘肽是人體分解酒精不可或缺的元素，但 1996 年南安普頓大學（University of Southampton）人類營養學系所做的〈二氧化硫：麩胱甘肽的消耗劑〉論文中也指出，此酵素對二氧化硫也相當敏感。倘若這個理論正確，便意味著二氧化硫含量低很多的自然酒相對容易被肝臟分解。

羅馬大學醫學系臨床營養學與營養基因體學系（研究食物如何影響人類基因）的全新研究中也支持這個理論。此研究的指導教授 Laura di Renzo 在 2013 年秋天對我解釋：「我們比對了 284 組基因分別在消耗了兩款葡萄酒前後的差異——一款沒有二氧化硫，另一款每公升含有 80 毫克。在兩個星期中搭配不同的餐食，我們測試了這些葡萄酒對受試者基因的影響，最後有兩個重要的發現。首先，飲用自然酒會降低血液中的乙醛含量，這是因為負責代謝乙醛的乙醛脫氫酶（ALDH）在血液中開始發揮功用。另一個發現則與低密度脂蛋白（LDL）有關，這是一種在體內轉移膽固醇的蛋白質，也是受試者氧化壓力的指標。我們發現基本上『壞膽固醇』的數量會在你喝下不含二氧化硫的葡萄酒時減少。這些都是相當重要的發現。」

除此以外，所使用的葡萄本身也更為健康。根據加州大學戴維斯校區在 2003 年的研究報告顯示，有機水果相較之下含有 58% 以上的抗氧化多酚。義大利 Conegliano 農業研究與實驗機構的 Diego Tomasi 博士近來更發現，沒有使用合成農藥、整地、整枝、除葉過程的葡萄，比一般葡萄含有更多的白藜蘆醇（resveratrol，一種葡萄酒中含有的抗氧化劑）。

釀酒師 Paco Bosco 認為這是因為葡萄樹的適應力較強。他花了兩年的時間在西班牙 Utiel Requena 產區的 Dagón Bodegas 葡萄園工作以完成碩士學位。Dagón 沒有在葡萄園施灑任何藥物，過去二十年也沒有整枝或犁地，這樣的結果是葡萄具有高含量的白藜蘆醇。「甚至比被認定為白藜蘆醇含量最高的內比歐露（nebbiolo）葡萄品種還要高出兩倍！」Paco 表示：「白藜蘆醇來自二苯乙烯（stilbene）家族，是植物的抗體，有天然的防禦作用。一旦植物遭受真菌或病蟲害之類的攻擊，便會派出二苯乙烯到遭受攻擊的區域來擊退侵襲者。」結果是更健壯的植物、恢復力強的果實以及較具健康成分的葡萄酒。一般釀酒時採用的澄清與過濾程序，會將不想要的物質移除，但同時也去除了像白藜蘆醇等的好東西，這是 Dagón（與其他自然酒農）極力避免的。

正如加州自然酒農 Tony Coturri 不久前所說的：「人不能一直加東西到身體裡。你會開始有過敏反應、皮膚會出問題、免疫系統也會崩壞。我已經老到足以認識那些長年喝葡萄酒最後卻都不能再喝的人。問題不在於葡萄酒，而是其中的添加物。」

上圖與對頁：
有機種植的水果自然比較健康，原因之一在於沒有殺蟲劑的污染（正如上圖 Troy Carter 的野生蘋果，他用來釀製蘋果酒——見 129 頁，或是對頁中美國加州 Old World Winery 的 Darek Trowbridge 也正在幫忙 Troy 撿地上蘋果時一邊摘採的野生葡萄）。此外，對葡萄而言，更重要的是果實中會擁有的大量多酚，正如在西班牙 Dagón 酒莊的實驗中所證明的。

OLIVIER ANDRIEU
談野生菜

每種植物都會產出自己的真菌。橡木會生出松露，葡萄樹也有自己的菌菇。這些真菌類植物能幫助葡萄樹吸收 oligo-éléments（微量元素如硼、銅、鐵）以及土壤中的礦物鹽，並將之傳送到葡萄樹中。相對的，這些真菌也利用葡萄樹來獲取澱粉，因為它們無法自行進行光合作用。這是互惠的交換動作，也是所謂的共生關係。

更有意思的是，這些菇類會在土壤中產生菌絲使植物得以相互連結，最終，在整塊土地裡形成了網絡。一位松露搜尋家上週才提到，他所找到的一株蘑菇菌絲綿延數公頃串聯了幾乎整個樹林。所有的樹木都是相連的；透過一株蘑菇，得以相互傳遞信號。我們認為葡萄樹也是如此。

我們盡力支持這樣的連結。在些許調整之後，我們真的發現葡萄園中出現一種平衡的狀態。葡萄樹變得更有抵抗力，更具光澤，果實也十分優異，有點像是野生葡萄。你能感覺到這些葡萄是來自沒有過多壓力的葡萄樹。倘若你接管的是一般噴灑農藥的葡萄園，園內便不會有共生現象，也沒有生命跡象。因此你必須先讓其他野生植物生長，

> 法國南部隆格多克產區的 Clos Fantine 屬於三個手足：Olivier、Corine 與 Carole Andrieu。他們擁有 29 公頃的葡萄園，種有慕維得爾（mourvèdre）、阿拉蒙（aramon）、鐵烈（terret）、格那希（grenach）、仙梭（cinsault）、希哈（syrah）與卡利濃（carignan）。

才能創造出生物多樣性。我們的葡萄園中有成群的黃蜂，一旦黃蜂過境，葡萄樹便不會有蛾幼蟲的問題。或許黃蜂是牠們的天敵，或兩者就是合不來。總之，我們任野草生長的結果便是吸引黃蜂來巡邏葡萄園，因此我們沒有蛾幼蟲的問題。

我們也有超過30種野生生菜與可食用植物與葡萄樹一同生長。有的偶爾會長出來，有的具季節性，其他則是年生植物；春雨過後是它們最好吃的時候。以下是部分我們種的植物：

莧菜（*Amaranthus*）：並非此區原生，它們在16、17世紀曾經商業化栽種，現今則為野生。我們吃的是植物的首批產物：花朵頂端，當其年輕而呈黃色時。

白玉草（*Silene vulgaris*）：葉子相當甜美，

正如洋槐花。

鴉蔥（*Allium vineale*）：外型與一般的蔥類似，但體型較細小。我們運用其球莖與葡萄酒醬汁一起烹煮，或將葉子像韭菜一般切細，為魚類料理增添香氣。

西洋蒲公英（*Taraxacum officinale*）：整株蒲公英都可食用，但我們最喜歡的是年輕的嫩葉。

金盞花（*Calendula officinalis*）：花本身相當美味，宛如番紅花。它為沙拉增添色彩，你也能將花朵用在湯裡。

草地婆羅門參（*Tragopogon pratensis*）：英文又可稱之為 meadow goat's-beard、Jack-go-to-bed-at-noon。我們吃根部，經烹煮後相當美味。可惜的是數量越來越少了。

琉璃草（*Umbilicus rupestris*）：在法國稱為「維納斯的肚臍」，因為它的外型很像肚臍。圓圓胖胖，葉子很清脆，很適合做成沙拉。

反曲景天（*Sedum rupestre*）：這是一種多肉植物，水分存在於葉片與黃花中。吃起來很像蝦子，我們會裹粉油炸來吃。

細葉二行芥（*Diplotaxis tenuifolia*）：我們把花拿來為沙拉或肉類調味，它們嘗起來像是青椒。有些是黃色，有些是白色。葉子與一般芝麻葉很像。

野生蘆筍（*Ornithogalum pyrenaicum*）：它們長在葡萄園邊緣。我們將它切小塊加入煎蛋捲或法式料理的燉小牛肉中。

野韭蔥（*Allium tricoccum*）：法文稱之為「葡萄園之蔥」。汆燙過後，我們會沾著油醋醬來吃。

野生酸模（*Rumex acetosa*）：我們吃它的葉子，像菠菜一般川燙即可。

下圖：
Clos Fantine 葡萄園。
對頁：
該葡萄園中的反曲景天。

結論：葡萄酒認證

「這宛如要求一位能跳 2 公尺的跳高好手只跳 80 公分一般。」—— Jean-pierre Amoreau，波爾多 Château Le Puy 莊主，對於最新歐盟葡萄酒有機法規的回應

上圖：
兩位經認證的自然酒農在他們的葡萄園中：Didier Barral 來自經 Ecocert 認證的有機酒莊 Domaine Léon Barral，但他卻不在酒標或其他宣傳品上標示。

眾所期待已久的歐盟有機法規在 2012 年 8 月宣布，先前不包含在內的釀酒方式終於涵蓋在歐盟認證之中。即便這樣的法規是必須的，但多方面來說這份法規卻是一種倒退。因為法規中不但允許非有機添加物的使用（包括單寧、阿拉伯樹膠、明膠與酵母菌），此外，據法國獨立酒農協會前總裁 Michel Issaly 的說法，這也破壞了有機葡萄酒的整體聲譽。

Michel 在法規制訂過程中曾大力反對，對最後的結果更是大為震驚。「我們知道法規的目的在於使更多人能夠釀製有機葡萄酒，但我不了解費盡功夫創造出有機認證，最後卻落得與一般葡萄酒沒有兩樣，這樣的目的到底為何？三、四年前第一次看到法規檔案時，我相當震驚，他們怎能允許讓有機酒農努力維護的一切在有機釀酒過程中被系統化地摧毀呢？一些我認識的非有機酒農在酒中所用的添加物大大少於有機認證酒農，也更尊重原物料。我很擔心最終葡萄酒飲用者會開始質疑有機的真正意義。」

這正是全球認證組織會遭遇的問題——不論是有機還是生物動力法。當然認證法規有助於葡萄園的管理規範，但在釀酒廠的監督上則功虧一簣。更重要的是，當你試圖瀏覽各個認證機構及其個別的組織章程時並不容易；即便隸屬同一組織，但當你要比較各國法條差異時，這個任務更是棘手。

以最重要的生物動力法國際認證組織 Demeter 為例，美國與奧地利的 Demeter 不允許添加酵母菌，德國則允許。同樣的，美國農業部所制訂的有機法規表面上看來比歐盟法條要嚴格，因為美國不允許在歐盟有機條款中核可的 11 種添加物。但再仔細看，美國卻允許使用在

歐盟、巴西、瑞士等國所禁止添加的溶菌酶（lysozyme）。

正因如此，許多優異的酒農選擇不被認證。原因之一在於，他們早已用比認證更為嚴格的條件來規範自己，因此不願花心力與費用在額外的行政作業上配合一個價值觀上無法認同的機構。「我們有考慮過認證，不過這過程不但困難且昂貴。有些認證機構要我們交上收入的 1%，讓他們每年來做一次釀酒廠與葡萄園的年度審查，每次我們得再交 500 到 600 澳幣。我們沒辦法負擔這樣的費用，」澳洲 SI Vintners 的 Iwo Jakimowicz 這麼說：「我並不反對認證，但我說服自己不要接受認證。試想，為何沒有在葡萄園放置任何農藥的我，必須花錢請人認證，而在另一頭的葡萄園噴灑一堆東西，卻不用花一毛錢做認證？」

有鑑於以上認證單位的種種缺點，由酒農自行規範的組織像是 VinNatur 便提供了一個絕佳的替代方案。正如該協會總裁 Angiolino Maule 的解釋：「協會存在的目的，不在於懲罰而在教育。」他們積極地撥款做研究，以幫助會員能夠以最好的方式管理葡萄園。該協會也是唯一有內部審查，以系統化測試會員酒款是否有殘存殺蟲劑的酒農協會。

不過，儘管並非完美，認證的存在仍然有意義，因為它幫助對酒農並不熟悉的飲酒者做出一定的保證，表示在認證的規範下，該款酒貨真價實。此外，這也提供酒農一種無價的組織架構。正如生物動力法專家與葡萄酒作家 Monty Waldin 所解釋的：加入認證也等於使酒農沒有退路，因為一旦遭遇困難，即便噴灑農藥的誘惑再大，他們也沒有別條出路而只能咬牙撐過難關。

上圖：
布根地 Recrue des Sens 酒莊的 Yann Durieux。該酒莊由 Ecocert 認證為有機並由 Terra Dynamis 認證為生物動力法酒莊。

儘管並非完美，認證的存在仍然有意義，因為它幫助對酒農並不熟悉的飲酒者做出一定的保證，表示在認證的規範下，該款酒貨真價實。

結論：對生命的頌讚

上圖：
傳統籃式壓榨機依然廣泛在自然酒釀造中使用。

對頁：
在隆河區 La Ferme des Sept Lunes 酒莊的採收工人；Le Petit Domaine de Gimios 酒莊，Lavaysse 一家的驢子；Pierre-Jean 與 Kalyna 一家在其托斯卡尼（Tuscany）的 Casa Raia 葡萄園。

　　葡萄園中的微生物是促使發酵過程成功的關鍵，也是讓葡萄酒釀製過程得以不藉外力支撐而順利完成的要素，因此在葡萄園中維持健康的微生物生態環境，對自然酒農來說是十分重要的任務。這類微生物會跟隨葡萄進入酒窖，改變葡萄汁，甚至進入葡萄酒中。也因此，自然酒可說是來自具生命力土壤的活葡萄酒。

　　真實的自然酒得以保護瓶中小宇宙的完整性，使其維持穩定而均衡。不過，自然酒的釀造卻不是非黑即白。正如人生並非永遠順遂，有時會遭遇問題，有時則有不得已的商業考量。有時，自然酒農是可能失去一切收成的，像是 Henri Milan 酒莊在 2000 年釀製這在全球極具知名度的無二氧化硫（Sans Soufre cuvees）酒款時，酒槽與瓶中的酒突然開始再次發酵，使其幾乎損失該年所有的葡萄酒。有鑑於此，些微的干涉——像是裝瓶時加入微量二氧化硫——便能給予酒農些許的安全感，也能在對葡萄酒品質有威脅的情況發生時微調微生物生存環境，但對葡萄酒僅產生些微影響。

　　更重要的是，在創造這類「毫無添加或移除」的葡萄酒時，需要相當的技術、知識與敏感度，但這並非每名自然酒農都有的意圖。像我，便在我所釀製的第一款酒中加入了每公升 20 毫克的二氧化硫，只因為太過擔心不加的後果。即便我的葡萄酒絕對不如 Le Casot des Mailloles 酒莊的 Le Blanc 酒款那般天然（見〈自然酒窖：白酒〉，頁 151），但它絕對比一般允許加入每公升 150 毫克二氧化硫以及商業酵母菌的有機酒款來得自然。

　　自然酒是一個連續體，宛如池塘中的漣漪一般。在正中央，是釀

「最優異的葡萄酒是那些能以其天然特質讓人得到品飲樂趣的酒款，其中沒有混雜任何會掩蓋其自然本色的物質。」—— Lucius Columella，西元 4 到 40 年時期的羅馬農業作家

上圖：
許多自然酒農會使用原生葡萄品種（其中有些甚至相當稀少），因為這些葡萄通常都是最適合該地環境的品種，也是當地天然環境的一部分。

製完全自然酒款的酒農——毫不添加或移除。從中心向外移，添加物與干涉程度隨之增加，葡萄酒也越來越不天然。最終，漣漪消失在池塘中，而「自然葡萄酒」一詞不再適用，葡萄酒也進入一般釀酒法的範疇。

即便目前自然酒沒有正式的官方法規，但還是存在著一些接近官方的定義。這些是由不同國家的酒農團體所組成，包括法國、義大利與西班牙。這些具自我約束的品質憲章比有機或生物動力法官方認證單位來得更為嚴格（見〈結論：葡萄酒認證〉，頁 90-91），最基本要求是葡萄園必須以有機耕作，同時也禁止在酒窖中使用任何添加物、加工助劑或重度人工干涉設備（見〈酒窖：加工助劑與添加物〉，頁 54-55）。唯一例外的是粗略過濾，大多數團體都允許這麼做；在總二氧化硫含量的上限各機構也有所不同。

例如，義大利 VinNatur 規定白酒、粉紅酒、氣泡酒和甜酒的二氧化硫總量不得超過每公升 50 毫克，紅酒最高則為每公升 30 毫克。Renaissance des Appellations的第三級認證對添加物以及加工助劑的使用限制也非常嚴格，不過對總二氧化硫含量的規定則較為模糊。其中最嚴格的要屬法國的幾個協會，像是 S.A.I.N.S.（請參閱〈何地、何時：

酒農協會〉，頁 120-21）和自然葡萄酒協會（Association des Vins Naturels, AVN），兩者都不允許使用任何添加物。在本書〈自然酒窖〉一章中所提及的葡萄酒都符合 VinNatur 的規定，便於使更多酒款得以涵蓋於書中。

對我來說，幾年來在嘗遍上千款的葡萄酒後，我對二氧化硫的承受度已隨之降低，也因此，現在我喝的葡萄酒多數都不含二氧化硫，或最多每公升 20 到 30 毫克，而且多半也不經澄清或過濾。

但也許這一切真能用「在雞蛋裡挑骨頭」來形容。若以整體角度看葡萄酒的製造過程，然後先去除非有機葡萄園不看，接著再除掉那些在酒中添加酵母菌、有使用酵素、有消毒過濾等的酒莊，最後剩下的真是少之又少。

沒錯，相較於裝瓶時每公升加入 20 毫克二氧化硫的酒農，完全沒有添加任何東西的酒農確實有所不同。倘若我們再次用漣漪效應做比喻，最中心的漣漪不只鮮明而突出，彼此也十分相似。

總而言之，真正的自然酒與其他相近的酒款在葡萄酒的世界中僅占極小部分。那些像我釀製的僅此一次性酒款並非本書專注的焦點，我的重點在於那些年年創造出優異自然酒的酒農。

對這些酒農來說，他們所做的已經超乎釀酒這件事。他們要傳達的是一種哲學思想、一種生活態度，這讓他們的葡萄酒在全球廣受歡迎。在這個金錢至上的世界，總有一部分的人不願隨波逐流，在酒款變得極受歡迎之前早已釀製出絕佳好酒。他們是出於自己的信念、對土地的愛、希望孕育最基本的動力——生命——而選擇這條路。不論是人類、動物、植物或其他生命體，誠如羅亞爾河產區自然酒農 Jean-François Chêne 所言，自然酒農所做的最重要的是「尊重生命」。

上圖：
自然葡萄酒以最純粹的方式彰顯生命。這些酒款至少必須以有機農耕，釀製時沒有使用添加劑。正如義大利 Emilla Romagna 自然酒生產者 Camillo Donati 所言：「對我來說，這再簡單不過。所謂自然酒便是在葡萄園與酒窖中不添加絲毫化學藥劑。」

次頁：
奧地利南部 Sepp 與 Maria Munster 在他們活力十足的葡萄園中釀製出具生命力的葡萄酒。

對我來說，幾年來在嘗遍上千款的葡萄酒後，我對二氧化硫的承受度已隨之降低。

第二部

何人、
何地、
何時？

何人：藝匠酒農

「地球上的一切不是我們從父母那兒繼承來的，而是從子孫那兒借來的。」——
Antoine de Saint-Exupéry，法國貴族、作家、詩人

前跨頁：
Mythopia 位於阿爾卑斯山葡萄園內的蒲公英。這類被視為「野草」的植物擁有分布廣泛的根系與極深的主根，得以將鈣質等養分吸取至表層，幫助表土空氣流通並達到施肥的效果。

自然酒農來自各行各業，也許是從家族繼承了葡萄園，或是種葡萄是他們第二或三種職業。他們可能天性放蕩不羈，或為葡萄酒痴迷；或許支持保守黨，亦或是 1968 年法國「五月風暴」學運代表的兒女。有些人起身反抗當前體系，有些成為海報上的宣傳人物，其他的則選擇低調，默默地做著一直在做的事。但不論激進派還是傳統派，他們或多或少都選擇背棄現今所謂釀酒必備的先決條件。

能將這些形形色色的人物連結起來的原因在於對土地的那份愛：他們自視為大自然的保護者。這似乎提醒了我們，只要做法正確，農耕可能是全世界最崇高的職業，因為除了要有高超的觀察技巧外，他們還必須對大自然的偉大表現出尊重與謙遜的態度。

「我們甚至還將酵母菌與細菌都考量進去，」法國羅亞爾河產區 La Coulée d'Ambrosia 酒莊的 Jean-François Chêne 如此說：「我們試著與其接近，去思考它們所需的環境，如何讓它們在最理想的狀態下工作，這都是心態問題。到頭來都是這個原則：選擇完美無缺的原物料後，就沒必要瞎操心了。」

要能種出「完美無缺」的葡萄，酒農必須對自己的土地有深切的了解，這便需要有所謂的工匠態度——也就是技術高超的男女，在經驗的累積下，用雙手打造出無與倫比的成果。這些酒農多半悉心照料傳統的葡萄品種，這也是一般商業酒農避之唯恐不及的。「我們的目標是盡可能保存此區瀕臨絕種的原生品種。」在羅亞爾河與父親 Claude 並肩工作的自然酒農 Etienne Courtois 表示。在世界另一端，智利的自然酒農 Louis-Antoine Luyt 則專注於 país 品種的種植。在 16 世紀由西班牙傳教士引進的 país 相當吃苦耐勞，卻受到一般商業酒農輕視，因為

即便夏多內（chardonnay）或梅洛（merlot）等品種多數都不適合智利的氣候，卻因著廣為流行而受到偏好。

  Luyt 也致力於恢復智利古老的釀酒藝術，像是將葡萄汁放在牛皮內發酵（有毛的皮面向內），這個做法早已被他當地的同胞所遺棄。但這不僅證明了是非常有效的機制，能確保發酵過程順利，同時也是對常被斥之為無稽、落後甚至以騙術來形容的古老智慧表現出尊崇的態度。不論是陶罐（喬治亞的 qvevri / kvevri 或西班牙的 tinaja）、橘酒或人工採收等，自然酒農通常會使用傳統的技巧。他們是傳統工藝的守護者，這些技術一旦丟棄，便會消失。

  令人驚訝的是，自然酒農也能相當具創意。因為他們通常已經在體制外運作，因此想法也不受限於框架之內。以加州自然酒農 Kevin Kelley 為例，因為關切現今業界過度使用毫無必要的包裝，決定將新鮮葡萄酒視為新鮮牛奶，因而創辦了 Natural Process Alliance（NPA）的換瓶計畫。每週四，Kevin 會進行「送牛奶」行程，在舊金山周遭到處派送葡萄酒罐（直接從桶中取出）給客戶，以灌滿的酒瓶換取該週的

空瓶——就像過去送牛奶的工人一般。遺憾的是，NPA 如今已停止交易，但具有創新思維已成為全球各地自然酒生產者的共同特點。

如此具獨創性的想法也落實在生活態度中。「在鄉下，我們的生活其實相當獨立而自給自足。」羅亞爾河產區自然葡萄酒農的代表人物之一 Olivier Cousin 如是說：「即便在採收與全年一些大小事務上，我一年還是雇用約 30 名受薪員工，但我仍然時常以物易物。我們用葡萄酒交換肉類、蔬菜等。這是個極美的社群，這樣的團結態度也是自然酒農極為重要的一環。」

其他自然酒農不如 Cousin 那般重視生活樂趣，但他們天性便較注重周遭整體一切，這得歸功於他們對食物、健康、生活上的敏銳洞察力，對蜂蜜、風乾臘腸或火腿的了解也可能和葡萄酒一般深入。將這樣的自然哲學徹底具體化的，是法國侏儸產區超過 80 歲的自然酒傳奇人物 Pierre Overnoy，他不僅每週親自為家人、朋友烘焙十多個美味的酸種麵包，還養蜜蜂、雞以及收集數量驚人的葡萄樣本（從 1990 年 7 月 2 日起所採集的葡萄，將它們浸製在酒精中，以便與每年同一天採收的葡萄做比較）。他很務實，自己種生菜、搞定水電，但也能跟你談論微生物學與複雜的發酵過程。更重要的是，他很能鼓勵人：他溫暖、柔和而慷慨，他的見解深刻且考慮周全。

可惜的是，許多人對自然酒農有種誤解，以為他們採取放任態度或做事馬虎，這與真實的狀況真是天差地遠。許多時候，好的酒農律己甚嚴，毫不妥協。法國南部 La Sorga 酒莊的 Antony Tortul 便是一個很好的例子。一頭濃密捲髮、臉上掛著大大的笑容，這名外表一派輕鬆的年輕生產者，相當謹慎地經營他的酒莊；我想在這裡沒有人會心存僥倖。他釀製三十多款不同的葡萄酒，年產量 5 萬瓶，所有酒款都沒有使用任何添加劑或人工溫控。他是個完美主義者，時常用顯微鏡檢視發酵中的葡萄汁，也為酵母菌種做數量計算與分類。目前他甚至對乳酸菌進行實證研究，以便了解為何浸皮有助於白酒的釀製過程。

「我們的做法非常簡單卻縝密，」Etienne Courtois 如此解釋：「我們用相當老派的釀酒法——所有的壓榨機都超過一百歲，沒有任何一具是電動的。我們種植葡萄的方式是由我父親從他祖父那裡代代相傳，仍舊使用一百多年前布根地的傳統做法。所有大小事都是用雙手完成，也就是說，每年我們得走上兩三百公里來剪除行間的雜草。」

上圖：
Kevin Kelley 與他的 NPA 計畫所使用的酒罐。

對頁：
Antony Tortul 釀製的酒款。酒瓶上塞之後，許多都以蠟封瓶。這是自然酒界經常使用的做法。

這樣的結果大受好評，所有酒款一上市便銷售一空。然而 Courtois 家族卻背道而馳地降低葡萄園面積。「一切都跟我們縝密的態度有關，」Etienne 說：「我父親那一代擁有 15 公頃葡萄園，現在我們僅有一半，還想盡量減少。許多成功的生產者總擔心產量供不應求，因此會想買入其他人的葡萄。但這樣的做法就像是原本你有個 25 人座的餐廳，因為大受歡迎每天必須拒絕 50 位客人。這樣一來，你便會開始希望能開間 100 人座的餐廳以便大撈一筆，但這可是一件完全不同的事。結果是，最終你可能會僅變成一個酒標上的名字。」

在許多方面，自然酒生產者需要比一般的葡萄酒生產者更嚴格。「我對任何會接觸到葡萄的東西都很嚴苛，不論管子或幫浦等，」已故的 Stefano Bellotti 如此解釋，他生前在皮蒙區 Cascina degli Ulivi 酒莊釀製不加二氧化硫的酒款，「幾年前，我的榨汁機壞了，替換的零件要兩天後才送到，好心的鄰居便建議我用他的機器。但是當我帶著 10 噸重剛採收完的葡萄到他的酒莊時，眼前的一切令我難以置信。在我的酒

莊，每當榨完汁後，我會把所有零件一一拆除，用蒸汽從頭到尾清洗一遍，隔天才可能有一塵不染、乾淨到可以用嘴舔的機器可用。但我的鄰居是用一般手法釀酒的生產者，使用相當多二氧化硫，對清潔這件事比較馬虎。不用說，我沒辦法冒險沾到二氧化硫，因為我不知道機器曾經接觸哪些東西。因此只要一開始一切都是乾淨清潔，之後的事便不太需要操心。」

如此心態是拼湊出自然酒整體的最後一片拼圖。葡萄酒的發酵過程還有許多未知，要試著控制這個過程，難免會使酒款失去應有的美感（見〈葡萄園：了解 Terroir 的意涵〉，頁 40-43）。酒農因此必須學習放手，更需試著相信直覺。他們堅信大自然會有奇妙的作為，因為他們已盡全力尊重自然環境的一切；這就像一種合夥關係。奧地利 Gut Oggau 酒莊自然酒農 Eduard Tscheppe 便說：「我花了六年才開始學會期待採收期。到第七年才真的知道我們不會出問題。過去我總是擔心會出問題。現在不同了，我很愛這種安心的感覺。」

自然酒農在釀酒時並未遵照既定的模式或以特定市場做考量；反之，他們追求的是優異的成品，出發點在於對土地與生命的愛，並用最完整與美好的方式來表現，幾乎可用在無安全網防護下走鋼索來形容。正如釀造自然酒不為人知，卻遠近馳名且備受尊崇的 Domaine de la Romanée Conti 酒莊酒窖總管 Bernard Noblet 對我說的一段話：「C'est jamais dans la facilité qu'on obtient les grandes choses（成就大事絕非易事）。」只有當你站到懸崖邊，才能欣賞到最美的景致。正是在此，「當你冒著墜入虛空的危險時，才能見著非凡景象——不論往上或往下看——正是在此，偉大成為可能」。

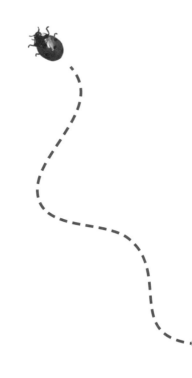

下圖：
奧地利生產者 Gut Oggau 的家族想像酒標。

BERNARD BELLAHSEN 談馬

跟動物一起工作極具優勢。首先，你和動物之間的感情會隨著時間成長，而建立起真正的情感。

其次，現今的問題在於現代農耕方式幾乎可用「強暴」地球來形容。現代農耕以暴力方式侵犯，不管地球能否接受。但當你與動物一起工作，一切便有所不同。動物在工作時不會發出噪音，所以你能夠聽到周遭一切的聲音：犁地的聲音、土地敞開的聲音。你也可以感覺到周遭的一切，因為身邊沒有別人的干擾。倘若下起傾盆大雨，你的犁會被卡住，爛泥巴拖住馬具會拉傷馬，因此你會停止犁地，這是好的，因為溼透的土地容易造成土壤與養分流失。同樣的，當土地太過乾燥時，犁具會劃傷土地表面，因此你也會停止犁地，這是對的，因為在天氣炎熱與乾燥時劃開表土會使土壤喪失珍貴的水分。

要耕作得當，農夫必須考量自己土壤的狀況，他們得知道此時是否是耕作的最好時機，以動物畜力耕作可以做為絕佳的指標。我猜想你也能使用機械代勞，只是你必須對周遭環境具絕對的敏感度；但當你與動物耕作時，要出錯是很難的。

Bernard Bellahsen 是 Domaine Fontedicto 的主人，農場位於南法隆格多克，占地 10.5 公頃。他種植傳統小麥以及當地葡萄品種鐵烈（terret）、格那希、希哈與卡利濃等品種。1977 年起便以有機耕種，1982 年開始以馬匹協助耕種。

這麼做還有另一個好處。牽引機具有內燃器裝置，裡頭牽動的迷你爆炸會振動牽引機的輪胎，進而影響牽動土壤。如此持續不斷的節奏律動促使土壤變得更緊密夯實——就像你將扁豆擠入罐子中，你一搖，豆子便各自就定位。但這樣的振動會將空氣推擠出土壤，影響地下土壤生態，不久後，那些維繫土壤植物健康的重要微生物將消失殆盡；當然你也有效地達到將扁豆擠入罐中的目的。所幸，馬不會如此振動，也不會爆炸。我並非一開始就採用這種農耕方式，但當我見到一名農夫在一天辛勤工作後騎著馬回家，並在馬背上舒服伸展四肢的模樣，讓我覺得這真是個動人的畫面，不禁也想跟進。

在 1950 年代以前，法國的加來海峽省（Pas-de-Calais）廣泛地以布隆內犁馬（Boulonnais Plough horse）農耕。這些馬體型

巨大、肩膀寬闊，有著陽剛的胸膛。可是如今，牠們多半流落於收購老殘牲畜的商人手中，成為香腸或肉派中的絞肉來源。我們的馬Cassiopée，好在沒有落得同樣下場。我們在她五個月大時救了她，自此她和我一同工作了14年。我們一同犁田、採收、運送貨品，一同生活，每天一起工作七到八小時，週末亦然。一旦你每天花這麼長的時間在一起，信任感油然產生，結果更是令人驚奇。現在她會自己主動做事，根本不需要我的指示；這真是個奇妙的經驗。

即便我們想要相信「人類是萬物之靈」，但人類並非在萬物之上。一名坐在有空調、全自動玻璃艙中的農夫，所見僅是片面的，因為他與土地完全抽離。但一位與犁馬並肩工作的農人直接處於「戰場」之中，他也因此必須完全仰賴同伴的力量。他與地相連，因為他直接站在土地上。他清楚自己土地的狀況以及該做的事。他可以看到自己所種的植物，並從不同的角度觀察它們。他並非身處一切之上，反而是在下，或在其中。他是環境的一部分，而且他能感覺到這一切。

跟馬一同工作會讓人謙卑。因為這迫使你去傾聽，去試著與周遭的一切和諧同工，去以不同角度看事物。我大力推薦你試試！

下圖：
Bernard Bellahsen 與 Cassiopée 在
Domaine Fontedicto 採收 2000 年
的葡萄。

何人：圈外人

「我失望透頂。我盡全力釀製出最為純淨的普依—芙美（Pouilly Fume）葡萄酒，最終卻仍不敵那些以工業化手法製造出來的酒款。」——Alexandre Bain，普依—芙美自然酒農，幾年前被排除於法定產區之外

　　2013 年，位於南非斯瓦特蘭（Swartland）Testalonga 的自然酒農 Craig Hawkins所釀造的葡萄酒不被海關放行出口。當我打電話給他詢問近況時，Craig沮喪地解釋：「我們的葡萄酒總是無法通過檢測，而且原因始終如一。評語都是『有問題』、『混濁』。這宛如一場惡夢，我們實在很掙扎。而這就是僅注重在表格上打勾的官僚作風，但因為目前

並沒有自然酒的空格可供打勾，所以他們只能對我說：『你不能出口這樣的酒。』有一次，我在裝瓶前為 Cortes 酒款進行攪桶，使酒在裝瓶時可以帶著細酒渣，死酵母得以與酒一起進行瓶中陳年。這款酒的酒質相當穩定，但外觀混濁。天啊，他們對此深惡痛絕。我另外一款 2011 年葡萄酒 El Bandito，在裝瓶前便已售罄，但現在已經 2013 年 8 月，他們仍舊禁止這款酒出口。」

即便 Craig 的葡萄酒在歐洲相當受到米其林餐廳主廚的追捧，在南非卻經常被控管外銷的檢測單位所拒絕。「有時我的酒會被三個品評小組、一個技術委員會，以及進行最後品評的葡萄酒與烈酒委員會（PEW）所拒絕，」Craig 對我解釋著：「PEW 委員會對我說，若讓我的酒成功出口，會有損南非葡萄酒整體品牌形象。最終，其實就是少數人為整個葡萄酒業決定一款葡萄酒喝起來應該如何。我不想對此嚴詞批評或起身反抗，但我希望能藉此從內部做出積極的改變，使年輕且具創意的釀酒師不會沒有生存空間，不會因為太過害怕自己會得到負面宣傳，而不敢在不經無菌過濾或澄清的情況下裝瓶。畢竟，要當

下圖：
景色絕美的南非斯瓦特蘭區內採用旱地耕作法的葡萄園一景，由 Lammershoek 所擁有，這裡是許多南非前衛葡萄酒生產者的居所。

上圖：
位於法國羅亞爾河松塞爾產區的 Domaine Etienne & Sébastien Riffault 葡萄園，圖中正在照料葡萄樹的便是 Sébastien Riffault。

一個一般的釀酒師非常容易，你採用無菌過濾，五點半就可以準時下班回家，甚至還有時間跟朋友喝杯啤酒，基本上沒有什麼需要擔心的事。」

所幸，經過多年與官方的周旋後，Craig 終於找到了解決之道。但許多其他酒農則沒那麼幸運。在歐洲，許多酒農面臨遭到被法定產區屏除在外的威脅，原因在於他們沒有遵守區內所規定的農耕方式，或酒款沒有呈現出以標準化的現代做法所製造出「應有」的香氣與口感。自然酒農，例如松塞爾的 Sébastien Riffault 便經常因為葡萄園中可見的雜草而受到警告；而位於義大利皮蒙區已故的 Stefano Bellotti 在園中種桃樹以增加生物多樣化，卻遭到官方的懲處。官方認定Stefano 的行為「污染」了這塊土地，因此從這裡所生產的東西不能再被稱為葡萄酒。這看似荒謬，但當時Stefano 被禁止以葡萄酒為名銷售由此所生產的酒款。

即便具膜拜酒莊地位的自然酒農，有時也會遭到影響。例如布根地的 2008 年份產量相當小而具挑戰性，該年 Domaine Prieuré-Roch 的夜－聖喬治（Nuits-Saint-Georges）酒款一開始被官方拒絕授與法定產區資

格，因為不像許多鄰居，酒莊並沒額外加糖（chaptalization），因此相較於其他酒莊酒精濃度相對低。「在我們的葡萄園中，有不少地塊是幾百年或甚至幾千年來被斷定擁有獨特產區風土，」酒莊聯合經理 Yannick Champ 說：「由一個僅有二十多年經驗的人來推翻這一切並不合理吧？」

「我曾見過幾個大男人在失去法定產區資格時痛哭失聲，因為這代表的是整個村莊現在都與他們為敵。」法國葡萄酒記者與自然酒倡導者 Sylvie Augereau 如此解釋。這也難怪，畢竟一旦遭到官方的懲處，便意味著金錢上的損失。舉例來說，在 2013 年秋天，法國布根地生物動力法生產者 Emmanuel Giboulot 便面對官方起訴，包括巨額罰款與可能的牢獄之災，原因在於他們沒有按規定噴灑殺蟲劑。其他酒農在經歷多年起訴過程後更必須面臨關門大吉的命運。

這宛如變相的迫害行動，使許多酒農不得不在「普級餐酒」（vin de table）、「地區餐酒」（vin de pays）、「法國餐酒」（vin de France）（或其他國家的餐酒）之中尋求庇護，唯有在此他們才能逃離一般法定產區規定的約束。但如今，即便身處體制外，外在威脅依舊存在，使他們無法銷售他們的葡萄酒。「連我在網站上提供酒莊的地址都成問題，」法國 Domaine de la Bohème 自然酒農 Patrick Bouju 說：「因為法令規定普級餐酒不能有任何地理位置標示。」

要反其道而行是一件困難的事。自然酒農在不同層面都得面對風險，不論是對大自然、對一般生產者或面對市場，在在需要冒險。他們都必須相當勇敢、勇於不同，願意忠於自己的信念，這對現今世代來說並非易事。

因此，下一次當你拿起一瓶酒時，先停下腳步想想這瓶酒是花費多少心血才能來到貨架上。從外表來看，一般或自然葡萄酒看起來都差不多，但裡頭可是天差地遠。要釀製一款自然酒所必須承擔的義務絕對不容輕忽。

上圖：
普依—芙美的明星酒農 Alexandre Bain（擁有同名酒莊），經常要面對失去 AOC 產區名稱使用權的威脅，原因在於他釀製的是「非典型」的酒款。2015 年 9 月他被取消使用產區名的權力，他持續對此提出異議。

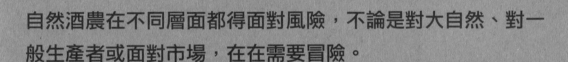

自然酒農在不同層面都得面對風險，不論是對大自然、對一般生產者或面對市場，在在需要冒險。

DIDIER BARRAL
談觀察

想了解大自然，你必須對周遭所發生的一切都保持敏感度。觀察力是關鍵。

在自然界發生的任何事都是有原因的，畢竟大自然花了幾百萬年才演化成現在的樣子。事情會照既定的模式進行，背後絕對有其道理。一切並非意外也非偶然。但當人類開始進行人為干涉時，便干擾了自然界的平衡，進而造成問題。這時該做的是重新評估做法，而非開始對自然界的運行有所質疑。也正因此，觀察是很重要的——它能幫助我們了解自己如何適應環境，與其上現存的一切並肩工作。

如果你在下雨過後開車經過田野或葡萄園，常會發現地上有一些水窪，但當你走入毫無人煙的森林時卻不會見到。因為在葡萄園以及一般農地，我們已經將生命驅逐出境。土裡不再有蟲類、昆蟲或其他活的生物能夠在土中鑽洞，將空氣帶入土壤中，這一部分得歸咎於我們使用的化學藥劑，但其實像犁地等農耕方式也都會破壞土壤的平衡，正是如此的平衡以及藉此所維繫的生命，使土壤得以保持滲透性。關鍵在於：如何重新創造出存在於森林中的那種平衡生態。

> Didier Barral 在法國隆格多克佛傑爾（Faugères）擁有一座 60 公頃大生態十分多樣化的農場，其中一半為葡萄園，種有原生品種白鐵烈（terret blanc）與灰鐵烈（terret gris）。

因此我們不再犁地；反之，我們用巴西滾輪來壓平葡萄樹之間的雜草。這讓土壤得到保護，免於陽光直射、避免水分蒸發並使地裡增加溼度。少了這些雜草，陽光會烘烤土壤，使其變得具毒性而脆弱。風和雨會吹走或沖刷掉珍貴的黏土與腐植質，最後僅會剩下沙。保持土壤上有草，在水分容易被蒸發的大熱天，絕對是個好方法。

除此之外，昆蟲可以生存在草叢內，進而吸引田鼠、地鼠、鳥類與許多其他動物前來。這些動物死後會留在土內，能為你的植物提供均衡的養分。

在經過犁地過程——或更糟糕的——噴灑除草劑的葡萄園中，這些葡萄樹必須仰賴人類提供餵養與支持。當你買肥料時，其實買的基本上是羊糞與稻草。但倘若你讓野生植物長在葡萄樹之間，一個複雜的生物鏈便

上圖：
Didier 的鐵烈葡萄，也是隆格多克最古老的品種之一。

左圖：
園中放牧的 50 頭牛，包括娟珊牛（Jersey cattle，左圖）、謝爾牛（Salers）以及稀有的原牛（Aurochs）。

因此產生，這也意味著你的葡萄樹能攝取更為豐富的養分。過去我通常會買糞肥，但我發現在我把糞肥從土裡挖起時，底下並不會有什麼生物存在。相反的，假如挖起的是由我的馬所排的糞便時，底下則會出現蚯蚓、白色小蟲等各種昆蟲蠕動。馬糞吸引了各種生物前來，糞肥則否，但我並不了解背後原因。後來我才知道理由再簡單不過：來自厚褥草農舍的糞肥混雜了尿液與糞便，這兩種排泄物在大自然中並不會同時產生，因此這類糞肥對蠕蟲和昆蟲來說都太過強烈，它們會想辦法避開。正因為有這樣的體認，我們決定讓葡萄園回復過去放牧的形態。我們將自己養的兩匹馬與 40 頭牛放到葡萄園中任意吃草，結果非常有幫助，因為牛糞團在冬天很溫熱，夏天則很涼爽，不論任何季節，都會吸引蚯蚓前來地表吃食並繁殖；倘若相反的，土壤沒被覆蓋、表面冷涼或乾燥，蚯蚓便不會出現。

假如我的孩子也想開始經營自己的葡萄園，我會給他什麼建議呢？觀察；先去了解自己周遭的一切，但更重要的是，千萬不要違背自然定律。你必須有耐心，並有敏銳的眼光。盡量花時間在葡萄園中，而非在全球各地飛來飛去。記住總要有隻腳牢牢扎根在自己的土地上。

何人：自然酒運動的緣起

「約莫 35 年前幾名酒農站在前線遭到大肆抨擊，而我們這一代繼承了那時開始的風潮。」—— Etienne Courtois，法國羅亞爾河產區自然酒農

上圖與對頁：
隨著第一代自然葡萄酒農開始退休，他們的下一代也繼承了衣缽。Etienne Courtois 與父親 Claude 在 Les Cailloux du Paradis 一起工作（上圖）。如今，掌管 Domaine Marcel Lapierre 的 Matthieu Lapierre 則是與媽媽與姊妹們並肩工作（對頁）。

八千多年前人類開始釀製葡萄酒時，沒有一包包的酵母菌、維他命、酵素、「百萬紫」（mega purple）加色劑或單寧粉可供購買，一切都是渾然天成的。酒中沒有額外添加或移除；葡萄酒曾經很「自然」。然而，自 1980 年代開始，才有必要為葡萄酒做出不同的定義（像是將「自然」兩字加在「葡萄酒」之前），以便與那些使用各類添加劑的葡萄酒做出區別。回歸基本面的自然酒運動，是在一連串葡萄種植與釀酒過程中大量遭到人工干涉生成後生產者跳脫主流市場，開始質疑同業們的「先進」技術，進而嘗試使用祖父母一代的方式。其中有些從未停止以自然方式釀酒，有的則採用先進的釀酒方式但選擇回歸自然。

這樣的風潮演進並非單一個人的功勞——全球各地有許多人抗拒使用先進的釀酒技術，堅持而執著的釀製出符合他們信念的葡萄酒，有時並不清楚其他國家或甚至自己周遭興起的自然酒網絡。許多這些酒農相當艱辛：葡萄園經常遭到破壞，釀成的葡萄酒常毀於一旦，更需忍受周遭酒農的嘲笑。「比起我父親那一代，我們這一代生活容易許多。」羅亞爾河產區自然酒農 Etienne Courtois 與父親 Claude 一同工作，Claude 是此區的自然酒傳奇。「我父親那一代打下了基礎……如今，人們開始懂得欣賞、傾聽，並試著了解這類葡萄酒。二十多年前可不是如此，當時哪有農夫市集和有機商店。上一代確實辛苦許多。」

對自然酒釀製極具遠見的已故酒農 Joseph Hacquet 就是個非凡的例子。他遺世獨立，和姊妹 Anne 與 Françoise 住在羅亞爾河產區 Beaulieu-sur-Layon。他以有機方式耕作同時在釀酒過程中避免使用添加劑，自 1959 年起釀製出超過 50 個年份未添加二氧化硫的葡萄酒。

上左：
位於義大利唯內多的 La Biancara 酒莊是 Angiolino Maule 的基地，他是義大利自然酒運動的幕後推手之一。三個兒子 Francesco、Alessandro 與 Tommaso 和他並肩工作。

上右：
La Biancara 酒窖一景。

「戰後自然酒的釀製被視為是違反常規且不愛國的行為，」Les Griottes 葡萄園的 Pat Desplats（也在羅亞爾河流域）如此表示。他與朋友 Babass 在 Hacquet 年紀大了之後一起接管他的葡萄園。「當時 Joseph 與他的姊妹們真的以為自己是全球僅存的自然酒農。」

所幸，隨著自然葡萄酒運動的散布，多數酒農不再與世隔絕，有的酒農更啟發了其他酒農，引發眾人對自然酒的興趣，聚集在一起而後開始萌芽生長，先是區域性，後來演變為全國性，如今甚至成為國際性。這樣的例子包括義大利—斯洛維尼亞區（由 Angiolino Maule、Stanko Radikon 與 Giampiero Bea 發起）與薄酒來區（由已故的 Marcel Lapierren 領導，另外則有 Jean-Paul Thévenet、Jean Foillard、Guy Breton 與 Joseph Chamonard 等人）。後者並同時與不同法國區域的酒農像是 Pierre Overnoy（侏儸區）或 Dard et Ribo 與 Gramenon（隆河流域）連結。這都得歸功於兩位卓越的人士所帶來的改變：Jules Chauvet（1907-1989）與其弟子暨自然酒顧問 Jacques Néauport（關於這位重要人士，請見〈布根地超能力釀酒師〉）。

Chauvet 的葡萄酒職涯始於布根地酒農兼酒商（négociant），他深深受到葡萄酒化學與生物學的吸引，很快地開始與歐洲其他研究團體共同合作，包括里昂的 Institute of Chemistry、柏林的 Kaiser Wilhelm Institute（今 Max Planck Institute）以及巴黎的 Institut Pasteur。Chauvet 運用科學技術改善因自然釀酒過程所產生的問題，研究主題包括酵母菌的功用，酸度與溫度在酒精與乳酸轉化過程的角色，以及在二氧化

碳浸皮法進行時如何降低蘋果酸，為想要走上自然酒釀製一途的酒農提供了寶貴的建議。「我想要釀製出像祖父釀製的那種葡萄酒，但我所運用的是 Chauvet 對科學的理解。」Marcel Lapierre 解釋道，他是 1980 年代以「極不尋常」的酒款打進巴黎自然酒吧的領導人物之一。

「1985 年，我品嘗過 Chauvet 的酒款，之後不久則喝了 Lapierre 所釀的酒，這也啟發了我。」羅亞爾河產區 Les Vignes de l'Angevin 酒莊的自然酒農 Jean-Pierre Robinot 如此回憶。他的葡萄酒職涯始於葡萄酒作家身分，在 1983 年創立 *Le Rouge et Le Blanc* 雜誌，並在 1988 年於巴黎開設了 L'Ange Vin 酒吧。「當時我們約莫四、五人，我是其中最晚開店的，」Jean-Pierre 繼續說：「人們都以為我們瘋了。我們刻意稱之為自然酒，因為我們的酒雖然為有機，卻不僅止於此，因此我們必須做出區隔。即便當時無添加二氧化硫的葡萄酒在市面上很少見。」

如今局勢已大不同。自然酒風潮在巴黎引爆，酒吧、商店、餐廳開始銷售自然酒，紐約、倫敦、東京則緊隨在後。正如美國葡萄酒作家 Alice Feiring 對我說的：「這類葡萄酒在美國幾個大城市引領風潮的餐廳中需求量極大：奧斯丁、紐約、芝加哥、舊金山與洛杉磯等。」雖然自然酒釀製是一種全球性現象，但多數自然酒農依舊位於舊世界樞紐的法國與義大利。不過情況正在改變中，南非與智利的生產者如雨後春筍般出現，在澳洲與美國（尤其是加州）也一樣。

下圖：
Pierre Overnoy 在法國侏儸區的葡萄園。

JACQUES NÉAUPORT
布根地超能力釀酒師

Jules Chauvet（見頁 116）常被自然酒界視為現代法國自然葡萄酒之父，但較少為人知的是他不愛出風頭的個性。的確，在專業的職涯中，他花了許多時間穿梭於不同的實驗室，他單獨工作，或在歐洲與他所選擇的團體一起合作。他不願附屬在任何他所不屑的大型機構中。直到他過世之後，人們才開始對他的工作產生狂熱的興趣。

而將 Chauvet 的觀點發表出來，促使自然酒公眾意識抬頭的，得歸功於他的一位忠實夥伴。這位夥伴不但在他的手下學習、與他一同工作並建立友誼，進而使他的作品在他死後得以問世，還將 Chauvet 的教導公諸於世且實際執行，促使整個產區發展成為自然酒的樞紐中心。這個無名的影子是幫助不少法國酒莊轉變為自然酒農的關鍵人物，他極少被提及，卻是在現代自然酒歷史中最偉大的推動者。他是 Jacques Néauport，人稱「布根地超能力釀酒師」。

「直到 Jules 在 1989 年過世之前，我一直與他相當親近。我不希望他畢生心血付諸流水，」這位 65 歲的自然酒先鋒如此解釋：「我不希望這樣的天才以及他的作品就這樣被遺忘。因此我決定將他的作品傳承下去。我盡全力使他的研究作品得以發表；我寫了不少關於他的文章，而且不論我到哪裡，我都會訴說他的事蹟。如今，葡萄酒世界不再忽視他的莫大貢獻，所以我想我成功了。」

「可是沒有人知道你在幕後所做的一切。這難道不會讓你感到失望嗎？」我問他。

「我們生活在一個外表至上的時代。所有『看得到』的東西才算存在，看不見的就不存在，這不過是現今社會誇張的一面。但是你要知道，許多事情最重要的部分都是由你沒聽過的人所做的。」Jacques 如此解釋。

這是為我們現今所知的自然酒運動立下基礎，且擁有巨大影響力與貢獻的人所說的話，就某些方面而言，我們也可以視他為自然酒界的 Michel Rolland（知名的釀酒顧問）。他的客戶名單讀起來宛如年度名人錄——聚集薄酒來最知名的酒莊（包括已故的 Marcel Lapierre、Jean Foillard、Chamonard、Guy Breton 與 Yvon Métras），此外還有 Pierre Overnoy、Pierre Breton、Thierry Puzelat、Gérald Oustric、Gramenon、Château Sainte Anne 以及 Jean Maupertuis 等。Jacques 甚至為

Chave 酒莊於 1985 與 1987 年釀製兩款無二氧化硫的隆河 Hermitage 白酒，Gérard Chave 將之收藏於私人酒窖。他與其中不少酒莊一起工作長達十餘年（像是 Lapierre 19 年、Foillard 11 年、Overnoy 17 年），並在 1981 年將 Lapierre 介紹給他的朋友 Jules Chauvet。

「我不喜歡一次跟超過十名酒農一起工作，因為這會變得太過複雜。」Jacques 說。但有些「簡單的」年份（這是他說的，不是我！），像是 1996 年，他協助釀造了 42 萬瓶未加二氧化硫的葡萄酒。這在當時甚至如今都算是件壯舉。

Jacques 最初的工作是在英國教法文，每個月的薪水都拿去買他喜歡的葡萄酒。在教書休假時，他便到處去拜訪葡萄酒農。七年後，當他決定將葡萄酒當做正職時，Jacques 已經走訪了超過法國兩千家酒莊。「我一直都是為葡萄酒而活，卻從沒想過要自己擁有一座葡萄園。因為我想要旅行，想要在不同的產區風土釀製不同品種的酒款。」

「最初我是在 1978 年春季時見到 Jules。他向來喜歡各種香氣，他與朋友在 1950 年初於普依─富塞（Pouilly-Fuissé）開始嘗試時，便發現自己較偏好不加二氧化硫的葡萄酒。自此他便開始釀造未加二氧化硫的酒款，但他沒有讓別人知道，因為當時周遭的人都將他視為圈外人，」Jacques 說：「我認識他的表親，而且因為我自 1970 年代中期便試著釀造不加二氧化硫的酒款（這得歸功於各個派對、宿醉與親眼目睹英國正宗啤酒運動的發生），因此不久後，我便聽說了 Jules 的研究。一開始我們其實互相看不對眼，因為我到他家拜訪時已經很晚了，而且我也沒有事先通知，表現得又很自大。當時的我參加了 68 年的學運，叛逆得很，也不清楚他是如何偉大，而他的研究又有多麼先進。

「自然酒的釀造過程需相當精準，過程環環相扣，因此你必須十分嚴謹，不能求快，因為這一切都需要時間。就某方面來說，我的角色是讓酒農們放心。因為自然酒的釀製是沒有配方可言的。有三年的冬季，我試著寫下自然酒的釀造方式，但根本沒辦法，完全徒勞無功。這個釀製的藝術是從葡萄抵達酒窖的那一刻開始。最重要的是，這些葡萄必須為有機，或更好是採用生物動力法，因為這樣的葡萄會有更豐富的原生酵母菌，每個年份我也有系統地計算它們的數量。」

「我看過各種難以想像的事，」Jacques 繼續說道：「在非有機或雖為有機酒農但有鄰居噴灑化學農藥的葡萄園中，葡萄上的酵母菌會被消滅。即便如此，我還是把酒釀出來了。有時真的很困難，沒有人能讓葡萄汁開始發酵，但我還是做到了。有些人稱之為魔術，其他人稱之為直覺，不管那是什麼，這便是我被稱為『超能力釀酒師』（The Druid）的原因。」

「要活得快樂，便活得低調。」──《蟋蟀》（The Cricket），Claris de Florian 的寓言故事

何地、何時：酒農協會

「我向來是個崇尚自然的人，因此自 2000 年起，我決定讓自己周遭充滿理念類似的人。」——
Angiolino Maule，**VinNatur** 創辦人

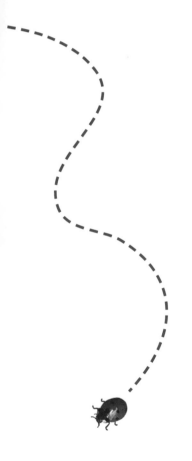

　　酒農團體在自然酒的世界扮演重要的角色。光在歐洲便有超過六個團體，多數都相當小型，但有幾個較為大型的也在自然酒界成為十分重要的推動者。他們旗下有數十個、甚至上百個會員，對酒農與消費者提供寶貴的資訊。現今多數先進的葡萄酒科學研究都是由大型企業贊助，因此多半專注於一般工業化葡萄酒釀造相關的主題，對想要以自然方式釀酒的酒農幫助不大。這類草根性酒農協會是由具有相同理念的酒農所組成，是交換意見、經驗與知識的交流處。他們當中不少便是因此聚在一起。

　　協會的存在也能幫助酒農結集資源，藉由聯合品酒會或研討會的舉辦，使業界與消費者對酒農有更多的認識，想要找新葡萄酒單的進口商便相當仰賴這類協會與品酒會。它們對消費者也有益處。有鑑於現今法規缺乏對這類酒款的規定，許多協會便各自制訂憲章來規範會員，這也成為各協會傳遞理念的引導，同時提供消費者基本的品質保證。以下是幾個絕佳的例子：

　　S.A.I.N.S.是創立於 2012 年的小型協會，雖然目前規模不大（僅 12 個會員）卻相當成功，原因在於他們是酒農協會中「最為自然」的一個。他們僅接受完全不用任何添加物的酒農加入。

　　VinNatur 可說是這些協會中的前鋒，因為它與許多大學以及研究協會的創新合作，使我們對自然酒在種植與釀製以及對飲者的健康影響等有更多的了解。雖然酒農不需經有機認證便能加入 VinNatur，但協會對會員的酒款會做殺蟲劑殘存量的測試。假如酒農的樣本檢測到有問題的酒款，協會也會幫酒農增加自信並幫助他們釀造出沒有農藥

殘存的葡萄酒。但正如 VinNatur 的創辦人 Angiolino Maule 所說：「若三次不合格，他們就失去會員資格了。」

　　法國的 Association des Vins Naturels 是除了 S.A.I.N.S.以外唯一一個對會員的總二氧化硫含量有嚴格限制的組織。若要成為會員，所有的酒款（無論風格和殘糖量）都不能添加二氧化硫。

　　擁有超過 200 名會員的 La Renaissance des Appellations 則是最大的酒農協會。這是由推動生物動力法不遺餘力的 Nicolas Joly 所創立（關於這位自然酒大師的介紹，請見〈Nicolas Joly 談季節與樺樹汁〉，頁44-45）。雖然這不能算是自然酒農的協會（某些會員的二氧化硫含量相當高），但會員中不少是以自然方式釀製。此外，這也是唯一一個必須經有機或生物動力法認證才能加入會員的協會。

上圖：
S.A.I.N.S. 是一個僅接受釀製完全自然葡萄酒的酒農協會。他們的酒款確實發酵自百分之百的葡萄汁，在釀製過程完全不做額外添加。

何地、何時：自然酒展

　　隨著人們對自然酒有越來越多的了解，如今全球也出現更多此類酒展，品飲者因此得以見到釀製這些酒款的幕後英雄。大部分的酒展都在法國與義大利舉辦，多數是由酒農協會主辦（見頁 120-121），用以展現會員的酒款，或是由進口商舉辦以展示旗下品牌。近年來更有許多獨立酒展在全球各地如雨後春筍般出現，從東京到雪梨，從札格瑞布（Zagreb）到倫敦。這幾個城市都至少會舉辦一場品酒會，使業者與消費者有機會與生產者直接會面並品嘗數量繁多的酒款。

　　La Dive Bouteille 是僅對葡萄酒專業人士開放的酒展，在 2014 年舉辦了第 15 屆。以法國生產者的參展人數來說，這是全球第一個，也是最具規模的低人工干預的葡萄酒展，也是第一個此類酒展。創立於 1990 年代末期，是 Pierre 與 Catherine Breton 夫婦以及二十多位酒農朋友聯合創辦，最終則由葡萄酒記者與作家 Sylvie Augereau 接手，如今擁有超過 150 名酒農參展。「我是個極具戰鬥力的人，我的使命是讓這些以傳統古法釀製葡萄酒，以及態度正直、具生命力、重視社群且如今相當罕見的酒農不再被邊緣化。我希望能夠捍衛這些理想並幫助他們使其努力得到肯定。當我與這些酒農對談時，我了解他們總是遭到孤立，因此 La Dive 提供的是一個讓他們得以聚在一處的機會。」

　　正是來自 La Dive 的靈感，我在 2011 年於倫敦與五家英國進口商一同創立了 The Natural Wine Fair。這個計畫即便短命，卻也因此促成了隔年 RAW 酒展的誕生。藉著這個酒展，我們將許多人（酒農、協會、業界與消費者等）聚集起來，分享各自的想法並且品嘗葡萄酒。每年在倫敦、紐約、洛杉磯、柏林和蒙特婁（以及其他正在籌備中的城市）等地舉辦的RAW酒展如今已成為全球最大，結合低人工干預、

「最初，我們幾乎被當成外星人般對待。如今，我們吸引了來自全球的買家。」── Sylvie Augereau，La Dive Bouteille 酒展

有機、生物動力法與自然酒的酒展。RAW酒展也可說是最為前衛的一個，因為所有的參展者都必須資訊透明化。酒展的目標是藉由透明化而促成大眾對自然酒的辯論，這也是唯一一個要求酒農列出所有酒中使用的添加劑或在釀製過程中經人工操縱的過程，並將這樣的資訊透露給大眾。參展的條件很嚴格，因為主辦單位期望能確保酒農所提出的資訊是真實無誤的。這是由於現今自然酒的定義未明，而如今這類酒款逐漸受到歡迎（生產者可能想要一窩蜂地登上自然酒列車），這一切都使這樣的堅持成為棘手的任務。不過，凡擁有明確品質憲章，或那些經過嚴格把關的酒展，即便不是百分之百絕對正確，但通常意味著參展酒農絕大多數都是堅守規範的。

其他值得注意的類似酒展還包括義大利的 Villa Favorita（主辦單位為 VinNatur）、Vini Veri、Vini di Vignaioli，以及法國的 Greniers Saint-Jean（Renaissance des Appellations 在羅亞爾河產區舉辦的品酒會）、Buvons Nature、Salon des Vins Anonymes、Les 10 Vins Cochons、À Caen le Vin、Vini Circus、Real Wine Fair（由英國葡萄酒進口商主辦），日本的 Festivin 以及澳洲的 Rootstock 等。

右圖：
風格多樣、價格範圍廣泛使自然葡萄酒的能見度大增。從倫敦酒吧、小酒館如 Antidote（如圖），到我曾合作過、遠在馬爾地夫生態度假勝地的 Soneva Fushi 都可見其足跡。

右圖：
位於哥本哈根，連續三年得到全球最佳餐廳殊榮的米其林二星餐廳 Noma，多年來酒單上一直都供應自然酒。

何地、何時：品嘗與購買自然酒

「近兩個世代，人們開始對廚房中所使用的農產品的生產方式提問……也因此，對於杯中的葡萄酒，我們也應該以同樣的態度來質疑。」—— Alain Weissgerber，奧地利布爾根蘭邦 Taubenkobel 餐廳的主廚兼老闆

「一開始我們聽到一大堆狗屁不通的言論，許多是難以想像的。」René Redzepi 解釋道，他是 Noma 餐廳的老闆，多年前便開始將自然酒列在酒單上。「我們是丹麥最早開始推崇自然葡萄酒的餐廳之一，但我也清楚，有時即便酒標上標示自然、生物動力法或有機等字眼，都不是美味可口的保證。不過就是有些手藝高超的生產者……」René 停頓了一會兒：「能讓你一旦開始喝這些酒，便很難走回頭路。」

如今，許多餐廳已開始將自然酒列入酒單，原因在於這些酒款在風味的表現上精準而純淨。幾年前，倫敦 Borough Market 的小餐館 Elliot's 在我的協助下，酒單只提供自然酒。餐廳老闆 Brett Redman 表示：「對廚師來說，自然葡萄酒很容易了解。因為我們與農產品一起工作，也注重品質與獨特的風味。問題是，多數廚師並不了解葡萄酒的釀造過程。舉例來說，過去我們酒單還沒列有自然酒時，我以為釀酒師是整個釀製過程最重要的人；但現在我知道種葡萄的酒農才是。」與 René 一樣，Brett 也相信一旦開始喝自然酒，你很難走回頭路。「我們多數廚師在加入團隊三個月內起，變得都只喝自然酒了。」

如今，自然葡萄酒已外銷全球各地，因此要找到其實不難。這類與料理為絕配的葡萄酒中最佳的多半能在餐廳裡喝到，因為在這樣的場合中，餐廳人員能夠當面銷售，並解釋為何這些酒款這麼不同而特別。幾家全球最佳的餐廳像是倫敦的 Fera at Claridges、哥本哈根的 Noma、紐約的 Rouge Tomate 與奧地利的 Taubenkobel，酒單中都有為數眾多的自然葡萄酒。但一般餐廳像倫敦的 Elliot's、40 Maltby St、Antidote、Duck Soup、Brilliant Corners、p. franco、Naughty Piglets、Brawn、Terroirs（以

上圖：
幾十年來，位於維也納東南部的米其林二星餐廳 Taubenkobel 一直倡導自然酒。最初是由奧地利傳奇美食搭檔 Walter 和 Eveline Eselböck 夫婦所管理，如今則在他們的女兒 Barbara 及其丈夫 Alain Weissgerber 的手中經營。

對頁：
位於南法貝濟耶（Beziers）
的 Pas Commes Les Autres
雖然開幕不久，庫存卻已
有兩百多款酒，其中不乏
優異的自然葡萄酒。

上圖：
位於舊金山灣區奧克蘭的
The Punchdown 是自然酒
迷的好去處。

及同集團餐廳 Soif），巴黎的 Vivant 與 Le Verre Volé，紐約的 The Ten
Bells 和威尼斯的 Enoteca Mascareta 等，也都能找到自然酒的蹤影。

同樣的，原本僅存在於巴黎的自然酒吧，現在足跡也遍布全球，像
是舊金山灣區的 The Punchdown、Ordinaire 與 Terroir，蒙特婁的 Le Vine
Papillon 和 Candide，以及東京的 Shonzui、Bunon 和 La Pioche等（自然
酒最大的外銷國之一是日本）。

至於零售酒商，許多則在不經意間買進了自然酒，但想在大型超市
買到自然酒則相對不易。這是因為這類酒款產量之小，讓一般超市敬而
遠之（英國的 Whole Foods 倒是例外）。更重要的，由於現今的情況是人
們很難從酒標上看出何為自然，何為一般酒款，也因此在英國最好是從
網路上購買。至於法國在這點則先進不少，境內許多大城市都有專門葡
萄酒零售店，包括巴黎的 La Cave des Papilles，以及貝桑松（Besançon）
的 Les Zinzins du Vin。不過紐約的發展則相當逼近法國，Chambers
Street Wines、Thirst Wine Merchants、Discovery Wines、Henry's Wine &
Spirits、Swith & Vine 與 Uva 等店的存在，讓自然酒在大西洋兩岸發光。

TONY COTURRI
談蘋果與葡萄

"
Tony Coturri 在加州索諾瑪郡的 Glen Ellen 擁有一座古老而不施行人工灌溉的 2 公頃金芬黛（zinfandel）葡萄園。他也從鄰近有機葡萄園買入葡萄，被視為美國的自然酒先鋒。自 1960 年代起 Tony 便以有機耕種，酒中也完全不使用添加劑。
"

　　或許你以為索諾瑪與那帕谷一直都是葡萄產區，其實不然。從這裡以西的 Sebastopol 區，過去一直是蘋果產區。但到了 1960 年代早期，一切都變了。蘋果開始賤價出售，一公噸賣 25 美元，就財務上來看，毫無價值。政府因此想出一個辦法，開始推廣格拉文施泰因（Gravenstein）蘋果並將之視為此區的明日之星。美國銀行貸款給農民讓他們改種格拉文施泰因蘋果，一座座巨型的種植園接踵而至。但格拉文施泰因是一種軟質蘋果，適合拿來做醬料或果汁，這品種保存不易，因此必須在採收完迅速做處理。倘若是硬質蘋果，你便能低溫儲存，等有空時再做處理。也因此，這整個計畫後來完全行不通，隨之而來的便是「葡萄年代」。

　　1960 年代末，約莫 67 與 68 年，北加州出現了葡萄種植潮。到 1972 年，一噸的卡本內葡萄值 1,000 美元，在當時是相當龐大的數字。（如今那帕谷的葡萄一噸能賣到 26,000 美元！）農民因此鏟除所有蘋果樹、核桃樹、梨子樹等。蘋果出局，葡萄進場，所有的景觀也完全改變。

　　葡萄園到處都是，任何能種得出東西的地方便有葡萄樹。一夕之間從最初的家庭手工業，演變成後來的大型製造商。幅員廣大的葡萄園出現，資金也開始湧入。突然間，在葡萄園與釀酒廠工作的人不再擁有土地，而是受僱於住在紐約或洛杉磯的僱主。所有工作開始有清楚的職責劃分，一間釀酒廠可能有五位釀酒師，每個人負責釀製一種品種，這是個極大的改變。如今我們所認識的索諾瑪與那帕谷因此誕生，但現今發展更加極端化。

　　基本上，這是農業單一化中的單一化，葡萄品種維持一到兩種，並以類似的克隆品種栽種或改種。即便每個人都在談論金芬黛或其他品種，但是真到了種植時，90%還是選擇卡本內與夏多內。當你種植卡本內可以賣到更多錢時，何必種梅洛呢？採用過熟葡萄

並用水稀釋，之後加酸度，再經過一些「調整」，就是一瓶可賣到 100 美元的頂級那帕酒款。

葡萄統治全地的情況也帶來一些有趣的結果，因為此地（尤其在西部）被廢棄的蘋果樹為數眾多。這可不只是農夫採收完剩下的一些落果，我說的是數噸的蘋果！去年我聯絡上 Troy Cider 的 Troy Carter，請他到我的酒窖來釀蘋果酒。我們使用的蘋果 90% 都是落果，我們收集它們，壓榨後將果汁放在酒桶中，就這樣，蘋果酒便用自己的天然酵母菌給釀出來了。Troy 把這蘋果酒帶到舊金山，人們為之瘋狂。

相較於葡萄，蘋果單純多了。人們對蘋果酒沒有先入為主的偏見，也不會對像葡萄酒一般認定口感應有如何表現，人們看到的是單純的蘋果酒或發酵過的蘋果汁，因此它可以有氣泡、可以有些混濁，可以允許出現葡萄酒不認可的各種情況。沒有人會說：「那

人很懂，所以我要聽他的見解；他說現在該喝，我就要喝。」畢竟，蘋果酒界中可沒有 *Wine Spectator* 雜誌為它們評分。」

右圖：
外型上宛如 Tony 分身的酒窖助手（在採收期協助），正在檢查發酵中的葡萄。

下圖：
Tony 的生物多樣化有機葡萄園在索諾瑪與那帕谷算是異類。

第三部

自然酒窖

簡介：探索自然酒

本書第三部分目的在於邀請讀者自行探索自然葡萄酒之妙。為此，我也精選出一系列優質可口的自然酒單。讀者可視之為一份迷你自然酒窖清單，或自然酒入門的選酒單，但這絕非「自然酒終極酒單」，更非暗示最好的自然酒都已在書中。它們雀屏中選的原因在於展現出自然酒本身的多樣化以及風味變化的多元性，同時也是同類型中的優良範例。

此外，每家酒莊我大多僅介紹一款酒，藉此使讀者能認識到為數更多的自然酒農。當然，每家酒莊都還有釀造其他酒款，也歡迎讀者們自行進一步深入了解。一旦開始持續支持自己所喜愛的酒莊後，你也會發現忠誠終將獲得回報。這是因為你不但支持了那些堅定忠於自己土地的酒農，也會因為逐年品嘗，而察覺到因年份差異所帶出的微妙變化。

酒款導讀

我將酒款分為六大類：氣泡酒、白酒、橘酒、粉紅酒、紅酒以及微甜與甜型酒，其中以法國和義大利葡萄酒為大宗，因為這兩國目前擁有最多的自然酒農。每個類別以下會再依據酒款的酒體或顏色以三種色調作區別。「酒體輕盈」的葡萄酒會使用淡色調的視覺標籤；「酒體中等」、走中間路線的以中等色調標示；而「酒體飽滿」、口感較為厚重的酒款，則標以深色標籤。除此之外，白酒與紅酒並另外區分出法國、義大利、歐洲其他地區和新世界國家產區。

為了幫助讀者更加了解酒款特性，我也提供了品飲筆記，並列出各款酒的香氣、質地和風味。尤其若要選酒搭配某種特定菜色，而不是參加每人帶一道菜的朋友聚餐場合，相信品飲筆記也會有助於你做出選擇。如同前述，這不是一份自然酒終極酒單，加上自然酒是具生命力的酒款，因此會像兒童的玩具手機一樣，不斷地做出變化。一下

打開、一下關閉，甚至轉變方向，在不同的時間呈現出不同的香氣，而且通常有些喜怒無常。也因此，品飲筆記的目的在於提供讀者大方向參考。

其中有些葡萄酒需要一段時間才會展現風味，有些則非常奔放且平易近人，但表現都令人興奮，當然有些也可能像前衛爵士樂般有點咄咄逼人。

在酒款介紹部分我不提供分數，原因在於我不相信為葡萄酒評分這件事，特別是自然酒變化之迅速，更令人無從評斷起。或許正如同老普林尼於兩千多年前的著作《自然歷史》中的智慧之語：「且讓每個人自行判斷卓越的定義為何吧！」當時他肯定已預見了百分制的評酒系統。

自然葡萄酒單

所有列在「自然酒窖」部分的自然酒就我所知都符合以下條件：

● 葡萄園遵循有機和／或生物動力法（與類似方式）耕作；
● 葡萄以人工採收；
● 葡萄酒只以原生酵母菌發酵而成；
● 釀酒過程不曾刻意阻斷乳酸轉化的進行；
● 酒款不經澄清（即所有酒款均可為素食者飲用）；
● 酒款不經過濾（或只有粗略過濾以去除飛蠅等物體）；若有經較為細密的過濾處理，我也會另外提及；
● 釀酒全程無添加物，除了少數酒款有添加二氧化硫，在這種情況下，白酒、氣泡酒或甜／微甜葡萄酒的二氧化硫含量不能超過每公升 50 毫克，紅酒、粉紅酒和橘酒則不得超過每公升 30 毫克。這是根據 VinNatur 規定的最大值（參見頁 95），藉此便於使更多酒款得以涵蓋於本書中。不過此部分列出的絕大多數葡萄酒都沒有任何額外添加物。

關於種植與釀造

本章節中的所有酒款均來自以有機或生物動力法種植或兩者並用的葡萄園。大部分的酒莊已獲得認證，但也有少數並未申請（見〈結論：葡萄酒認證〉，頁 90-91）。後者，就我所知，都不使用任何殺蟲劑、除草劑、殺真菌劑或其他類似產品；事實上，他們甚至可能「更有機」，因為酒農們所做的，遠遠超過有機或生物動力法規的最低限制。

值得注意的是，許多生產者並沒有自行種植葡萄，有些則會透過中間商向酒農批次採買非有機的葡萄。因此，即便酒款是以低人工干預的方式

氣泡酒

白酒

橘酒

粉紅酒

紅酒

微甜與甜型酒

釀成，但若是採用非以有機方式種植的葡萄來釀酒，便不能稱為自然酒。這類型的酒款並未收錄在本章節中，但若你想要額外探索其他的酒款，請特別注意這一點。

品飲筆記與香氣輪廓

品飲筆記多半有過於簡化的問題，缺少酒農及其釀酒哲學的資訊。有時也僅捕捉到一款酒在特定時間點與背景之下的表現。這對自然酒來說尤其成問題。也因此，請對所有在〈自然酒窖〉中提供的品飲筆記持保留態度。

這是因為記錄葡萄酒香氣輪廓的原意是為了讓讀者了解一款酒的預期風味特徵，像是葡萄酒的新鮮度、辛辣度等，而非代表酒中必定會出現的香氣。品評葡萄酒時，的確有一些用來評估架構與平衡的客觀標準，如酸度、單寧，或果香與酒精濃度的明顯程度，但一款酒的香氣與風味卻是相當主觀的，更容易因每個人的文化背景而異。舉例而言，如果你不曾嘗過鵝莓（gooseberry），也不曾聞過或吃過剛抹上奶油的烤吐司，自然不會在葡萄酒中聯想到這些風味。然而，你的生活中可能還有其他方式能夠捕捉及表達類似的風味。以奶油烤吐司而言，你可能會聯想到以綿密奶味、帶麥芽香且略鹹的味道結合而成的風味，便能以此做為描述詞彙。因此，如果你確實嘗到我所提到那些的香氣或風味，恭喜你；但如果沒有，也無所謂。

我們對葡萄酒的觀感通常也會受到當下情緒的影響，如品飲的地點或一同分享這瓶酒的對象，而與特定的品飲筆記或該款酒的評分無直接關聯。因此，最好的方法是將品酒視為品嘗一盤可口的乳酪、高純度巧克力，或是香氣細緻的咖啡一般，細細品味酒中的香氣和風味變化的過程，感受不同酒款的口感質地差異，在口腔中不同位置的結構表現，更重要的是，這款酒所帶給你的感受：是令人愉悅還是不安？教人感到煩悶或是愉快？等等。品嘗無額外添加物的自然酒應該是個感性的體驗，所以，試著用心而非用腦去接近它。

上圖：
對酒農而言，年份無好壞之分，只有容易或困難的不同。有些年份豐收，有些則不；有些年份日照充足，風格飽滿，有些則較潮濕而顯得淡雅。由於自然酒在釀造時不採用「人為矯正」的手法，所以年份差異會相對明顯。

「撇開腦中所有的葡萄酒知識，放膽去試吧！選瓶酒，別擔心我的評價。」

如何解讀葡萄酒品飲筆記

右邊的葡萄酒範例旨在解釋〈自然酒窖〉中列出酒款的明細。舉例來說，每一個編號都列有酒款的酒莊名稱、產區，以及使用的葡萄品種等。

❶ 酒莊名稱

這是生產者名稱。由於本書內大部分的生產者都有釀製其他酒款，依酒莊名稱便能找到。這些都是相當不錯的生產者，所以不用擔心會踩到地雷。

❷ 酒名

由於不是每一款酒都有特定名稱，所以這部分為選擇性列出（以酒標名為準）。

❸ 產區

列出這款酒的葡萄園和／或釀酒廠的地理位置。要注意的是，許多自然葡萄酒都屬於「餐酒」等級（或是類似等級），這通常是生產者的選擇，但也有時是受限於當地產區規範。因此，此部分所列出的產區，並不等同於該款酒的法定產區（AOC、IGP、DOCG 或其他法定名稱）。

❹ 產國

絕大多數的自然酒都選自法國與義大利，因為這兩國有較多傳統、非採高科技釀造法的酒款的產地。不過，類似的葡萄酒在全世界各地都可找到。很可能自然酒葡萄園就在你身邊。

❺ 葡萄品種

這部分的酒款中含括你可能熟知的葡萄品種，以及一些相對陌生的品種，這是因為許多自然酒農使用當地傳統的葡萄品種釀酒。但讀者不需要因為沒聽過某些品種而不去嘗試，別忘了，它們只是釀酒環節的一部分。

---

❶ **Lenticus**　❷ **Gentlemant Sumoll**

❸ **加泰隆尼亞**　❹ **西班牙**　❺ **蘇莫爾**

❻ **氣泡粉紅酒**

❼ **莫雷氏櫻桃（Morello cherry）、蔓越莓、奶油味**

Manel Aviño 和女兒 Nuria 在巴塞隆納的公園保護區（Parque del Garraf）內的石灰質土壤上釀造精彩的葡萄酒。他的氣泡酒是以地中海本土葡萄釀製，種類繁多且創意十足。

❽ 這款深色的粉紅酒是以祖傳法釀造，口感濃郁豐富，是由 sumoll 葡萄釀成。這是一種稀有的當地葡萄，可以釀造出品質極佳的酒款。另一個值得注意是極具陳年實力的 sumoll 紅酒 Perill Noir，通常是在採收後八、九年上市。

❾ ＊無添加二氧化硫

---

❻ 酒色

在氣泡酒與甜酒的部分，會列出酒款顏色，如紅、白、橘或粉紅色。

❼ 香氣輪廓

目的在於提供讀者品嘗時可能注意到的香氣與風味。不過，請注意這些形容詞是極為主觀的，會因人而異。（請參見對頁的「品飲筆記與香氣輪廓」）。

❽ 酒款背景資料

提供更多關於葡萄酒的資訊，以及相關軼事或特出之處，如其吸引人的口感質地，或綿密氣泡等。除此之外，倘若有其他類似值得推薦的酒款或酒農，也會在這裡提出，以便讀者繼續深入發掘。

❾ 二氧化硫添加量

本書提到的所有酒款，添加的二氧化硫都不會超過每公升 50 毫克（參見頁 133）。事實上，書中絕大多數的酒款都不曾添加二氧化硫。請謹記，即便是有額外添加的酒款，添加量其實遠比一般酒款低了許多。

請注意：讀者可能會注意到品飲筆記中沒有註明年份。按照一般慣例，這絕對是要不得的，但其實我是故意省略的，目的在於減少對特定年份的重視。只要酒款是來自優異的生產者，而其所種植或使用的葡萄品質優異，那就沒有所謂的年份好壞（只有產量高低之分，或是對酒農來說容易或困難的一年）。或者更確切地說，年份不同，表現便會有所不同，儘管來自同一個酒農。因此我的做法是試著選出一種特別代表該酒農或其產地的酒款。無論你品嘗哪個年份，相信都會是個有趣的體驗。

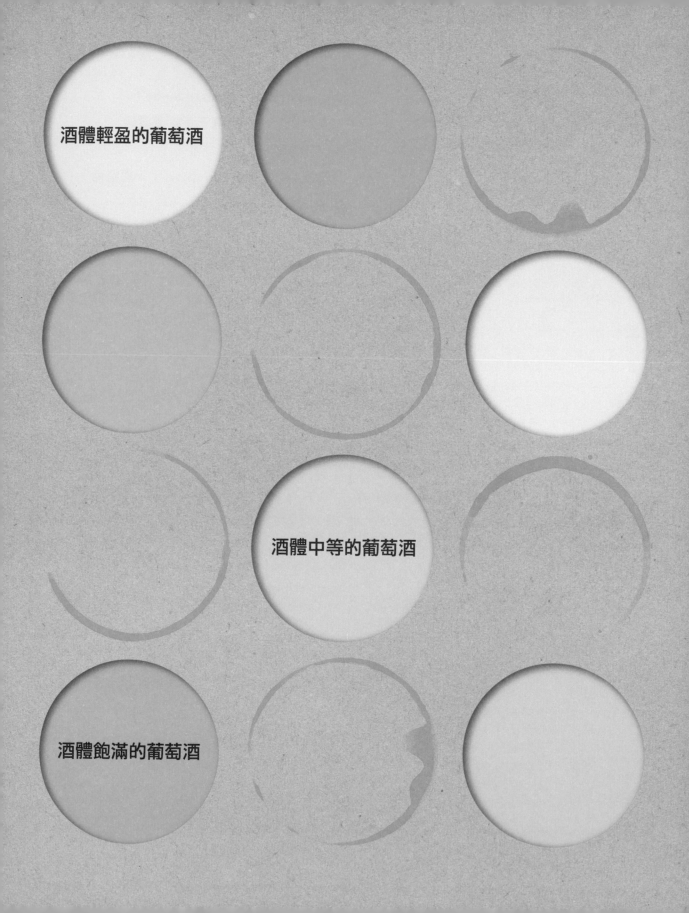

酒體輕盈的葡萄酒

酒體中等的葡萄酒

酒體飽滿的葡萄酒

市場上如今充斥著出色的氣泡酒，更有為數漸增的酒農開始著手研究自然氣泡酒。要釀出氣泡酒有很多方法，包括使用現代科技的「打氣筒法」（Bicycle Pump Method，將二氧化碳灌入靜態酒中讓酒款產生氣泡），或是「夏瑪法」（Charmat Method，讓酒款於大型桶槽中二次發酵，以產生二氧化碳，而非於瓶內發酵）。其中又以夏瑪法最廣為使用，普賽克氣泡酒（Prosecco）便是以此法釀成。不過，不同於以上兩者，本章節介紹的氣泡酒，全部以傳統或祖傳的瓶內二次發酵法釀成。

氣泡酒

傳統法

這可能是最廣為人知的氣泡酒釀造法，香檳（Champagne）便是以這個方式釀成的。一般認為唯有使用傳統法才能釀造出最高品質的氣泡酒，但其實這是無稽之談，因為有許多方式能釀造出高品質氣泡酒。

以傳統法釀造氣泡酒，首先比需釀出稱為「基酒」（base wine）的靜態酒，然後加入酵母菌和糖一同裝瓶，若是以此法釀成的自然氣泡酒，所添加的則是葡萄汁中的天然酵母和糖分，以利基酒於瓶中開始二次發酵、產生二氧化碳。傳統法氣泡酒依法規定還需經除渣程序（disgorge）——除去瓶中死去的酵母。

雖然香檳是傳統法氣泡酒中名聲最響亮的，本部分酒單卻沒有囊括任何香檳。這是因為釀造真正的天然香檳目前並不合法。要稱為香檳，酒款依法需要加入酵母菌以啟動瓶內二次發酵。這聽起來可能相當荒謬，但在此過程中，酒農依法不能加入未發酵葡萄汁（must）——即便葡萄汁來自同年份、同葡萄園，甚至同批葡萄。位於倫敦的香檳公會（Champagne Bureau）在 2013 年秋天時向我確認：「雖然歐盟明文規定，釀造時可以使用新鮮葡萄汁。但香檳區所允許添加的糖液（liqueur de tirage，為啟動二次發酵所加入瓶中的液體）僅有蔗糖、濃縮或精餾葡萄汁，並不包含未發酵葡萄汁。」

「要釀造香檳，酒瓶內必須達到一定程度的壓力，且遠高於自然微泡酒（pet nat）的瓶內壓力。若使用葡萄汁會比添加糖和酵母更難實現這一點，」有機香檳協會主席 Pascal Doquet 如此解釋：「如果沒有達到所需的壓力，或者發酵過程中留有殘糖，依法我們必須將葡萄酒送去蒸餾。」

這個問題不僅限於香檳的釀造，其他以傳統法氣泡酒聞名的產區也面對同樣的挑戰。「我試過新鮮葡萄汁，問題是有時發酵沒有完全，造成瓶中壓力降低，」義大利法蘭西亞寇達（Franciacorta）才華橫溢的年輕酒農 Alessandra Divella 說道：「我仍然使用傳統法，繼續以額外添加酵母的方式做為瓶中二次發酵添加劑的主要部分，但我每年都保留兩個橡木桶的酒用來實驗以葡萄汁做二次發酵，希望慢慢能夠精確掌握，以便完全轉換使用葡萄汁。如今我已經糾正了一些錯誤，所以我對未

來算是樂觀。不過由於我的產量很小，目前也不能冒著釀造品質不穩定的氣泡酒的風險。」

由於本書選酒是以不額外添加酵母菌或糖分的葡萄酒為主，因此不包括香檳和 Divellan 所釀的氣泡酒。但這並不表示這些葡萄酒不值得嘗試。在香檳區有許多出色的酒農，包括 Franck Pascal、David Leclapart、Cyril Bonnet 和 Vincent Couche 等（有機香檳協會是一個能夠提供酒農建議的好地方），這些酒農在葡萄園和酒窖中以非常自然的方式種植釀造。最重要的是謹記，酒農在葡萄園中與大自然合作，然後將同樣理念帶到酒窖裡，盡最大努力以自然的方式工作。礙於某些釀酒風格和產區法規，生產者並不總是可以隨心所欲，但在二氧化硫添加量低、不經澄清過濾的情況下，他們仍然能夠釀造出美味、複雜、具生命力的酒款。

祖傳法（又名自然微泡酒）

「祖傳法」（Ancestral Method）也稱為「農村法」（Rural Method），是釀造氣泡酒最古老的方法之一：將發酵中的葡萄汁直接裝瓶，讓酵母轉化糖分而產生的二氧化碳直接困在瓶內。儘管聽來很簡單，執行上卻相當困難，因為太晚裝瓶會讓氣泡酒變得沒氣，太早裝瓶又可能因二氧化碳過多導致瓶身破裂。這是一門講求精準的釀酒技藝，酒農需要在酒液達到一定密度時抓準時間裝瓶，以成就出恰如其分的瓶內大氣壓力、酒精濃度與甜度。以祖傳法釀出的酒款免不了會有瓶差，依發展程度不同，某幾瓶酒的殘糖量可能會高於其他的，但這種酒的有趣之處，莫過於其演進的過程。

因著酒農釀造技法的不同，有些酒款可能會帶有沉澱物；有的多，有的少，每瓶的狀況也不盡相同。絕大多數的生產者會略微過濾酒液，有時在裝瓶前，也可能在上市前。

這類酒款如今被稱為自然微泡酒（Pet Nat，Petillant Naturel 的縮寫），名稱源自法國，但如今在全球廣泛使用。品質優異的自然微泡酒十分順口易飲，也是自然酒世界中最令人驚喜的類別，性價比極高。

即便自然微泡酒的歷史長達幾世紀，卻是 20 世紀末隨著自然酒風潮再次帶動起來，如今席捲全球，人們從一開始的好奇，到現在成為極其成功的葡萄酒類別。許多生產者均釀有風格多元的自然氣泡酒，但產量普遍偏低，每年僅約 3,000 到 4,000 瓶不等。這些自然氣泡酒也有各種顏色，從白、粉紅、橘到紅。以下酒單會分別列出不同顏色。

對頁：
Costadila 酒莊位於義大利唯內多，其 col fondo 氣泡酒是當地釀酒新浪潮中，強調瓶中發酵的 Prosecco 風格氣泡酒之一。酒莊創辦人 Ernesto Cattel 是開啟不經除渣（Col Fondo）風格的 Prosecco 的先鋒，可惜現已過世，酒莊由其團隊繼續經營。

右圖：
過去數年來，自然氣泡酒呼聲不斷，而且不難理解原因：它們可以說是全球最令人興奮且最易飲的酒款之一。

酒體輕盈的氣泡酒

Les Tètes, *Tète Nat, Vin de France*
法國

Loin de l'oeil、榭密雍（semillon）、莫札克（mauzac）、格那希（grenache）（氣泡白酒）

Granny Smith青蘋果｜哈密瓜｜小白花

　　自然酒逐年受到歡迎，在酒款熱銷的情況下，如今以酒商模式（法語為 négociant，即購買葡萄或葡萄酒後以自家酒標裝瓶的生產者）裝瓶的酒款數量也與日俱增。有些自己擁有葡萄園的酒農，過去可能僅使用自家葡萄釀酒，現在也開始增加酒商裝瓶的部分，以便擴充酒款品項，增加產量和收入。尤其在具挑戰的年份，這是增加額外收益的一個好方法。這個現象值得鼓勵，因為這代表市場對自然酒的需求正在增加。不過，如此的做法同時也應該受到管制。原因在於這類葡萄的來源通常很難追溯，生產者（特別是本身就是值得信賴的自然酒農）很容易可使用來自當地合作社以傳統方式耕種的廉價葡萄，然後以「自然酒」為名售出。

　　這正是 Les Tètes 的源起。這是由四位朋友一同創建的酒商概念品牌，專門釀造和銷售自然微泡酒，如今也加入靜態酒。合夥人之一 Philippe Mesnier 與葡萄果農密切合作，定期視察，控制種植品質，並決定採收日期等。他們會測試所有葡萄酒的農藥殘留（包括嘉磷塞）。即便這樣做所費不貲，但他們認為有絕對的必要；甚至對已具有機認證的葡萄園也照做無誤。「我們承諾販售給消費者的是誠實無誤的葡萄酒，因此需要再三確保我們

購買的葡萄是純淨自然的。」Philippe 如此解釋：「酒商葡萄酒多處於灰色地帶，而我們不想這樣。」他們的 Tète Nat pet nat 使用來自法國各地（加雅克〔Gaillac〕、波爾多和隆河谷）的葡萄，並在發酵葡萄汁中殘留糖分仍低（約 15 克）時裝瓶。接著酒會迅速發酵，發展出細緻的氣泡，短時間內便可達到穩定，並且在隔年二月即可除渣。結果是一款帶著鮮活氣泡，清爽美味的開胃酒。

＊無添加二氧化硫

Quarticello, *Despina Malvasia*
義大利艾米利亞—羅馬涅（Emilia Romagna）

馬爾瓦西（Malvasia）（氣泡白酒）

忍冬｜荔枝｜西洋梨

　　義大利艾米利亞—羅馬涅產區的氣泡紅酒藍布魯斯科（Lambrusco）如今重新引領風潮。如頁 143 提到的 Cinquecampi 酒莊，Quarticello 的莊主 Roberto Maestri 也趕上流行。這款氣泡白酒展現輕盈的氣泡，帶著花香與些許杏桃味，香氣純淨，風味精準細膩。

*添加少量二氧化硫

La Garagista, *Ci Confonde*
美國佛蒙特州

Brianna（氣泡白酒）

花粉｜新鮮棗子｜桃子

　　Deirdre Heekin 和 Caleb Barber 這對夫妻團隊是舞者起家，如今是生物動力酒農兼餐廳老闆、作家和麵包師傅和釀酒師！他們的工作跳脫傳統釀酒的框架，而以釀造雜交品種為主，像是：la crescent、marquette、frontenac gris、frontenac blanc、frontenac、brianna 和 St. Croix 等。這些品種是由包括 vinifera（傳統的歐洲釀酒葡萄品種）和一些更耐寒的野生美洲本土品種（如 riparia 和 lambrusca）雜交培養而成。這些品種最初是為了適應當地氣候而培育的，但如今已不受青睞，以至於大多數葡萄酒專業人士甚至從未品嘗過。這些雜交品種帶著不尋常的風味與質地，品嘗 Deirdre 和 Caleb 的葡萄酒會是個帶你走出葡萄酒舒適圈的體驗。他們的酒款風味相當獨特，令人耳目一新，重點是，這些酒超好喝的。

＊無添加二氧化硫

La Grange Tiphaine, *Nouveau Nez*

法國羅亞爾河蒙路易（Montlouis）

白梢楠（Chenin blanc）（氣泡白酒）

榲桲｜蓮霧｜黃李

　　Alfonse Delecheneau 於 1800 年代末創建了這塊 10 公頃的莊園。酒莊如今已傳到曾孫 Damien 與妻子 Coralie 手上，他們以白蘇維濃（sauvignon blanc）、卡本內弗朗（cabernet franc）以及蒙路易明星品種白梢楠釀製出一系列優異酒款。其中我最喜歡的是他們超級易飲的自然微泡酒，口感精準輕柔，風格優雅，令人愉悅。

＊添加少量二氧化硫

酒體中等的氣泡酒

Frank John, *Riesling Sekt Brut 41*

德國法茲（Pfalz）

麗絲玲（氣泡白酒）

酸種麵團｜金合歡｜羊毛脂

　　性格開朗的 Frank 在妻子和兩個孩子的協助下管理著 3 公頃的葡萄園（酒莊內並擁有具 400 年歷史的文藝復興時期酒窖）。他也為歐洲數百個葡萄園提供顧問服務，幫助酒農以有機種植並釀造自然酒（參見頁 62-63）。他非常注重酒窖清潔，每年在採收前都會對酒窖進行深度大掃除並以石灰清洗，以確保釀酒酵母是來自葡萄園而不是酒窖，以真實傳達年份特色。他採用傳統法釀造的麗絲玲 Sekt Brut 41（經由在靜態酒中添加新鮮葡萄汁以重新開始發酵）經過 41 個月的漫長陳年過程（因此得名），釀製出具煙燻氣息、略帶鮮鹹味而口感複雜的氣泡酒。

＊添加少量二氧化硫

Lentiscus, *Gentlemant Sumoll*

西班牙加泰隆尼亞

蘇莫爾（Sumoll）（氣泡粉紅酒）

莫雷氏櫻桃｜蔓越莓｜奶油味

　　Manel Aviño 和女兒 Nuria 在巴塞隆納的公園保護區內的石灰質土壤上釀造精彩的葡萄酒。他的氣泡酒是以地中海本土葡萄釀製，品項繁多且創意十足。這款深色的粉紅酒以祖傳法釀造，口感濃郁豐富，是由稀有的當地葡萄蘇莫爾釀成；這類葡萄能釀造出品質極佳的酒款。另一個值得注意的酒款是極具陳年實力的蘇莫爾紅酒 Perill Noir，通常是在採收後八、九年上市。

＊無添加二氧化硫

Gotsa, *Pet' Nat'*

喬治亞共和國

Tavkveri（氣泡粉紅酒）

野草莓｜大黃｜可可豆

　　建築師出身的 Beka Gotsadze 是一位熱情洋溢的傳奇人物。經過多年的尋尋覓覓，最後終於在首都提比里西（Tbilisi）以南的亞美尼亞（Armenia）公路旁闢建葡萄園；此地過去是喬治亞最古老的葡萄酒產區之一。在蘇聯統治時期，當地人都將葡萄樹剷除，改為飼養羊群，因此 Beka 如今也成為方圓幾公里內唯一的葡萄酒農。他會選擇在喬治亞東部種植葡萄的原因在於此區土壤肥沃，因此產量得以提高。Beka 在陶罐（qvevri 或 kvevri）中發酵和陳年葡萄酒，此做法也已列入聯合國教科文組織人類無形文化遺產名錄中，成為受到保護的葡萄酒釀造技藝。在他位於山頂的酒窖中，Beka 利用重力運送葡萄酒。酒中帶著些許單寧感，色澤為深粉紅，是款充滿活力的自然微泡酒。酒液沒有經過浸皮過程，這在喬治亞並不常見。這是 Beka 首次嘗試釀造自然微泡酒，成果非凡，展現了他創意十足又嚴謹的態度。因為這類酒款能夠成功釀造，需要對各個細節毫不妥協的關注。是一款十分值得品嘗的自然微泡酒。

＊無添加二氧化硫

Costadila, *280 slm*

義大利唯內多

葛雷拉（Glera）、verdiso、bianchetta trevigiana（氣泡橘酒）

碎米｜桃子｜薑

　　這款帶著花香的氣泡橘酒，口感綿密，具單寧感。酒液經浸皮發酵 20-25 天，期間不曾控制發酵溫度。酒液於瓶中二次發酵時，加入的是新鮮未發酵葡萄汁（來自同年份乾燥、壓榨過的葡萄）與野生酵母。釀酒全程不使用額外添加物。

＊無添加二氧化硫

Domaine Breton, *Vouvray Pétillant Naturel Moustillant*

法國羅亞爾河

白梢楠（氣泡白酒）

蜂蠟｜肉桂｜烤蘋果

　　由 La Dive Bouteille 自然酒展創辦人 Catherine 與 Pierre Breton 夫婦釀造的氣泡酒與靜態酒均相當傑出。其中這款氣泡綿密、具有可口烤蘋果與肉桂香的氣泡酒深得我心。

＊無添加二氧化硫

Vins d'Alsace Rietsch, *Crémant Extra Brut*

法國阿爾薩斯

歐歇瓦（Pinot auxerrois）、白皮諾、灰皮諾、夏多內（氣泡白酒）

薑餅｜熟柿子｜香草豆

　　一如許多阿爾薩斯的葡萄酒生產者，生性害羞但為人有趣的 Jean Pierre Rietsch 也釀造了許多風格多樣且美味可口的葡萄酒。有些會添加一點二氧化硫，有些則無。我特別喜歡這款阿爾薩斯氣泡酒（Crémant d'Alsace，為此區以傳統法釀造的氣泡酒），口感綿密飽滿，未經添糖或添加二氧化硫。二次發酵是以添加 2014 年份未發酵

葡萄汁所啟動的。

　　另外幾款值得品嘗的橘酒是用格烏茲塔明那（gewurztraminer）和灰皮諾（pinot gris）所釀成的。兩者都經過浸皮，使這類有時會香得過頭的芬芳型品種釀造的酒款多了些鮮鹹味和緊實感。

＊無添加二氧化硫

Les Vignes de Babass, *La Nuée Bulleuse*

法國羅亞爾河

白梢楠（氣泡白酒）

含羞草｜蜂蜜｜熟梨子

　　Sébastien Dervieux（又名 Babass）與 Pat Desplats 於 Les Griottes 共事過後創立了自己的酒莊。Sébastien 如今也負責照料 Joseph Hacquet 的老葡萄園（參見〈何人：自然酒運動的緣起〉，頁 116）。這款色澤暗黃的氣泡酒留有些許殘糖，展現出蜂蜜香氣和綿密的口感，另有少許深色香料味，口感濃郁，是從管理得宜的葡萄園所釀成的酒款中常見的特徵。

＊無添加二氧化硫

酒體飽滿的氣泡酒

Movia, *Puro*

斯洛維尼亞布爾達（Brda）

麗波拉吉亞拉（Ribolla gialla）（氣泡白酒）

桃花｜亞麻籽｜夏威夷豆

　　Movia 成立於 1700 年。活力充沛的 Aleks Kristančič，多年來一直倡導 bubbly sur lie（氣泡酒酒渣培養法），認為酒渣是保持葡萄酒活力的重要角色。他釀造出口感絕妙、經長時間陳年的氣泡酒。基酒在與新鮮未發酵葡萄汁一起裝瓶之前會先經過幾年的陳年期。酒款都未經除渣過程，Aleks 建議人們在飲用前自行除

渣。不過，我個人並不建議這麼做，因為我喜歡細酒渣與葡萄酒混合時增添的質感。只是要小心，開瓶前不要過分搖晃酒瓶。

＊無添加二氧化硫

Casa Caterina, *Cuvee 60, Brut Nature*
義大利 Franciacorta

夏多內（氣泡白酒）

金冠蘋果｜奶油麵包｜芝麻籽

擁有該酒莊的 Del Bono 家族，早在 12 世紀便於此區定居與耕種。酒莊占地 7 公頃，種有十餘種葡萄，用來釀造多款低產量（各約一千瓶左右）的葡萄酒。這款名為 Cuvee 60 的氣泡酒經過近五年（60 個月，酒款以此為名）的酒渣陳年，發展出宛如麵包一般的香氣，同時保留了如香水薄荷般的新鮮調性。口感綿密、成熟圓潤、香氣奔放，另帶著一絲甜味感。

＊無添加二氧化硫

Les Vignes de l'Angevin, *Fetembulles*
法國羅亞爾河

白梢楠（氣泡白酒）

麵包｜枸杞｜歐洲青蜜李

Jean-Pierre Robinot 是法國最早開始支持自然酒的人。他最初是葡萄酒作家，之後與合夥人在法國創辦了 *Le Rouge et Le Blanc* 雜誌。除此之外，他更是 1980 年代第一位在巴黎成立自然酒吧的人。隨後更決定離開城市去種葡萄。這款氣泡白酒色澤深、口感複雜且完全不甜，具有酵母帶來的麵包氣息，以及宛如鋼鐵般的礦物風味與馬鞭草香氣。

＊無添加二氧化硫

Camillo Donati, *Malvasia Secco*
義大利米利亞－羅馬涅

馬爾瓦西（氣泡橘酒）

突厥薔薇｜荔枝｜墨角蘭

Camillo 的葡萄酒多半帶著鮮明的個性，其氣泡酒同樣如此。這款酒經 48 小時浸皮，略帶緊實的質地，具有馬爾瓦西花香奔放的特性。在開瓶後整整兩天竟還表現得相當優異。我做了極為簡單的義大利麵（僅加上橄欖油、鼠尾草與陳年帕馬森乳酪片），兩者真是絕配。

＊無添加二氧化硫

Capriades, *Pepin La Bulle*
法國羅亞爾河都漢（Touraine）

夏多內、白梢楠、menu pineau、 petit meslier（氣泡白酒）

成熟香瓜｜奶油麵包｜楊桃

Pascal Potaire 和 Moses Gaddouche 在釀造自然微泡酒上是屬於「偶像級」的人物，他們的酒都是用已臻完美的祖傳法釀造。若你問大多數法國自然微泡酒生產者他們心目中的英雄是誰，多半會提到 Pascal 和 Moses。這款酒經過三年的酒窖培養後上市，是相對風味較為嚴肅的一款。口感豐富、果味成熟、酒體相當飽滿、質地濃郁。他們其他的酒款，如 Piège à Filles，則相對淡雅，適合當作開胃酒。基本上他們所釀的酒都美味無比。

＊無添加二氧化硫

Cinque Campi, *Rosso dell'Emilia IGP*
義大利艾米利亞－羅馬涅

Lambrusco grasarossa、malbo gentile、marzemino （氣泡紅酒）

黑醋栗｜黑橄欖｜紫羅蘭

可惜氣泡紅酒非常罕見，但在義大利的艾米利亞－羅馬涅能找到許多絕佳的酒款。此款酒帶著高單寧與飽滿的酒體，具有爽脆的酸度，呈現出藍布魯斯科典型的深色水果味。味道鮮美，幾乎帶有肉質般的口感。與脂肪含量高的食物搭配起來，效果非常好。產量僅三千瓶。Cinque Campi 的酒款全系列都無添加二氧化硫。

＊無添加二氧化硫

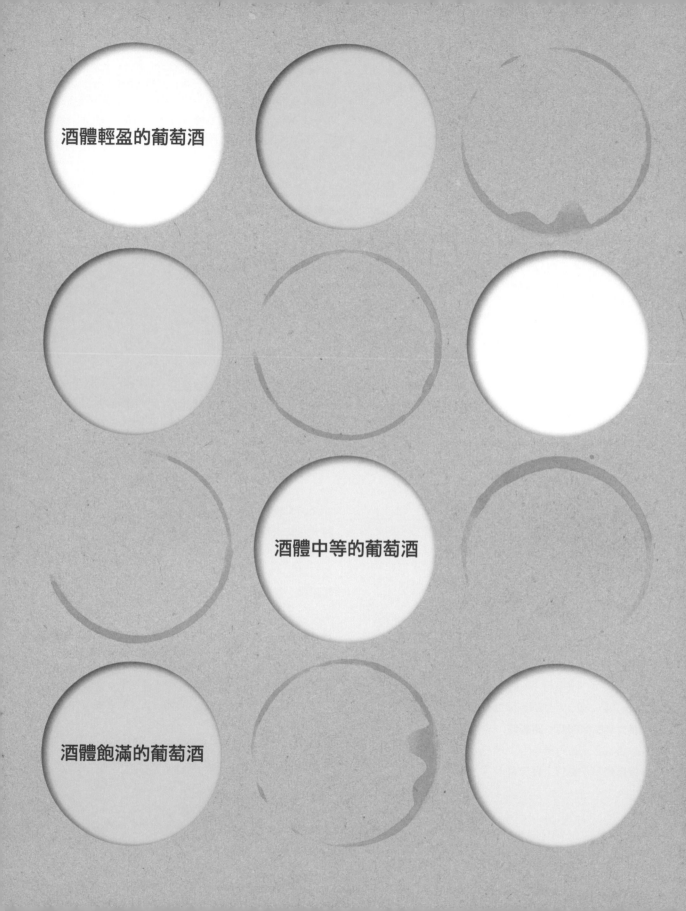

酒體輕盈的葡萄酒

酒體中等的葡萄酒

酒體飽滿的葡萄酒

如果你喝慣一般的白葡萄酒，那麼此類別的酒款最有可能讓你驚訝萬分。因為自然派的白酒往往比一般白酒來得更為飽滿、有個性（或更不尋常）。這些白酒具有更多不同的風味輪廓，也少了有些尋常白酒特有的爽脆酸度。

白酒

釀造白酒

　　白葡萄酒通常是以直接壓榨（將葡萄榨出汁，接著發酵不帶果皮或葡萄籽的葡萄汁，但有時也可能讓果汁與果皮接觸最多幾個小時）的方式釀造。由於沒有經過長時間的浸皮過程，無法從葡萄（皮、籽和梗）中萃取出有助於保護葡萄汁的單寧和抗氧化劑（例如二苯乙烯），因此白酒在釀造過程中往往比紅酒或橘酒來得脆弱，也需要更多的保護。

　　由於自然酒農不以一般生產者慣用的添加二氧化硫或溶酶體（lysosome）等方式保護葡萄酒，也不會因著擔心葡萄汁或酒會受到氧化而進行添加，所以在發酵初期，酒農必須完全憑藉著對大自然的信心，相信只要他們採收了健康、富含多種微生物的葡萄，便沒有什麼可憂慮的。即便葡萄酒歷經褐變，他們也清楚這會隨著時間而恢復為白酒應有的淡黃色。他們也必須相信酵母和各種細菌最終會完成它們的工作，而葡萄酒最終也會慢慢自然澄清。

為什麼自然派的白酒有時味道會如此不同？

　　讓葡萄酒接觸氧氣的確會改變葡萄酒的味道和質地，正是如此的口感差異使喝慣一般葡萄酒的人對此大肆批評，而且多半是針對自然派的白酒。有人可能會說這些酒嘗起來像蘋果酒，或以為葡萄酒已氧化了，因為人們有時會（錯誤地）以這種方式描述氧化的氣味。有些

左圖：
法國隆格多克的 Julien Peyras
是極具潛力的生產者。

自然派的白酒的確已氧化了，嘗起來也確實可能有蘋果酒的味道，但令人訝異的是，許多人經常以偏概全用氧化味來描述所有的自然派白酒。沒錯，當你飲用這類白酒時，尤其是完全不含任何二氧化硫的酒款，其質地、成熟度和口感的豐富度與在溫控環境中釀造的一般葡萄酒會形成鮮明對比。一般葡萄酒是在溫控狀態下添加了酵母，並經過無菌過濾等程序。就拿白蘇維濃來說，這個極度國際化且流行的葡萄酒，因為帶著鮮明的柑橘和鵝莓香氣與奔放活潑的酸度而廣受歡迎。大多數人以為這些就是白蘇維濃葡萄的品種特徵。但實際上，白

蘇維濃還有毫不膚淺浮誇且更為深沉嚴肅的一面。一旦白蘇維濃完全成熟，且生長於產量均衡的有機葡萄園時，便能呈現出甘美的金合歡蜂蜜香氣和圓潤柔滑的口感。這樣出人意料的風味廣度可能會讓你感到震驚，與你喝慣的清爽高酸的白蘇維濃相比，它似乎已氧化。為了讓你更了解我的意思，請在腦中想像未成熟的水耕冬季番茄與你暑假在西西里島當地市場所買到的番茄之間的味道差異。現在，想像一下若你一生所吃的都是水耕番茄，當你突然間嘗到了一個正常生長和成熟的番茄，那個衝擊會有大。相較於鹿特丹溫室中長大，風味平淡、酸澀的版本，正常番茄的味道強度之大會令人難以招架，而且可能帶有所謂的「氧化」，甚至風乾番茄的味道。簡而言之，這是因為不同的味道出現於不同風味範疇的緣故。這當然不是說已氧化的自然酒完全不存在，但其實際數目絕對比人們想像的少得多。

另一個影響風味的元素在於蘋果酸乳酸轉化（也稱為「mlf」或「malo」——參見〈酒窖：發酵過程〉，頁 57-61）的影響。一旦不使用二氧化硫，在發酵過程中，所有的葡萄酒幾乎都會經過此轉化過程。這樣的轉變多半發生在酒精發酵之後，細菌（好菌）會將葡萄汁中天然含有的蘋果酸轉化為乳酸，從根本上改變了酒的質地與風味，因為在口感上，乳酸要比蘋果酸更為柔和。更重要的是，由於產生蘋果酸的細菌自然存在於環境中，因此它們的存

在完全取決於該年份條件。正如 Château Le Puy 的 Jean-Pierre Amoreau 在 2013 年 9 月所說：「如果釀酒師刻意限制了蘋果酸乳酸轉化的過程，那麼談風土條件便毫無意義了。」

　　非自然派陣營通常會刻意限制並積極阻止白酒進行蘋果酸乳酸轉化，目的在於釀造特定（例如，清新活潑）風格的葡萄酒。這必須透過將葡萄酒冷卻、過濾掉負責轉化的細菌或添加大量的二氧化硫來消滅此菌種。這些釀酒師認為消費者要的是風格清爽的葡萄酒。在德國和奧地利，抑制此轉化過程是常見的做法。

　　就我而言，抑制蘋果酸乳酸轉化會阻礙葡萄酒的發展，使品飲者無法享受葡萄酒的全面風味與質地特色。經過此過程的葡萄酒會比那些刻意受抑制的葡萄酒更具表現力。我認為，讓蘋果酸乳酸轉化自然發生是釀造自然派

葡萄酒的基礎。如果這個年份促成了蘋果酸乳酸轉化，那讓它發生吧。如果沒有，也無所謂。

備註：以下列出的所有白酒都是干型風格。

左下圖：
位於隆河谷的 La Ferme des Sept Lunes 葡萄園是採用農業多樣化的典範，葡萄樹與杏樹、動物及穀物一同生長。他們釀造一系列優質葡萄酒，包括口感辛辣，值得特別找尋的聖喬瑟夫（Saint-Joseph）白酒。

右下圖：
有關 Hardesty's Riesling 的更多介紹請參見頁 157。

法國

法國
酒體輕盈的白酒

Recrue des Sens, *Love and Pif*

布根地 Hautes Côtes de Nuit

阿里哥蝶（Aligoté）

牡蠣殼｜白胡椒｜梨子汁

　　Yann Durieux 是布根地近年來最令人驚喜的年輕生產者之一。在 Prieuré-Roch 酒莊（一家和 Domaine de la Romanée Conti 同為超級傳統的自然派布根地酒莊）工作了十年之後，Yann 如今已開始嶄露頭角，絕對是位值得矚目的酒農。品嘗他的 Love and Pif 干白酒，會讓你納悶所謂的高貴葡萄品種到底是哪裡贏過了這被低估的阿里哥蝶。酒款的深度與細節之多，令人驚豔。

＊無添加二氧化硫

Domaine Julien Meyer, *Nature*

阿爾薩斯

希爾瓦那（Sylvaner）、白皮諾（pinot blanc）

茉莉花｜奇異果｜洋茴香籽

　　雖然在法國阿爾薩斯產區有不少有機與生物動力葡萄園，但許多酒農卻重度仰賴二氧化硫的使用，也意味著像 Patrick Meyer 的酒農少之又少。一接管酒莊，他便開始著手降低酵素與人工酵母的使用量，因為他認為，使用這些添加物一點都不合理。如今，他已成為許多酒農的榜樣，其葡萄園土壤充滿生命力，據說即便在冬天也能保持溫暖。這是一款價格最親民的自然白酒，酒體輕盈，香氣芬芳，嘗來完全不甜，質地卻有如蜂蜜般濃稠。

＊無添加二氧化硫；有經過濾。

Pierre Boyat, *St-Véran*

布根地

夏多內

蘋果｜甜乾草｜番紅花

　　Pierre 生性害羞，他的聖維宏（St-Véran）釀造得相當精緻，展現出生產優質自然酒所需的嚴謹性。Pierre 在經營家族酒莊數十年後，一如許多此區酒農，決定選擇以不同的方式種植和釀造葡萄酒。受到 Philippe Jambon（薄酒來北部著名的低人工干預酒農；Pierre 現在與他密切合作）的啟發，他賣掉家族酒莊，買下了一小塊加美（gamay）和夏多內葡萄園，並進行有機種植。他以最少的人工干預來處理葡萄，目的在於將產區風土展現至極致，釀製出一款高優質的葡萄酒。

＊無添加二氧化硫

法國
酒體中等的白酒

Andrea Calek, *Le Blanc*
隆河阿德樹（Ardèche）

維歐尼耶（Viognier）、夏多內

花香｜石頭味｜蜂蠟

　　近年來，隆河阿德樹這個美麗寧靜，似乎有些被遺忘的地區其實已成為醞釀傑出自然酒農的溫床（Gilles 和 Antonin Azzoni、Gerald Oustric、Laurent Fell、GrégoryGuillaume、Ozil 兄弟等）。來自捷克共和國的 Maverick Andrea Calek 在一次偶然的機會進入了葡萄酒行業。幸好如此，因為他的葡萄酒風格深沉而毫不妥協，嚴謹而複雜；他僅釀造少量白酒。

＊無添加二氧化硫

Julien Courtois, *Originel*
羅亞爾河 Sologn

Menu pineau、romorantin

煙燻味｜新鮮核桃｜薄荷

　　Julien Courtois 是著名的 Claude Courtois 之子，他在距離巴黎兩小時車程的 Sologne 地區釀酒。4.5 公頃的葡萄園種有七種葡萄品種。他的毛利裔妻子 Heidi Kuka 負責為酒款設計美麗的酒標。Julien 的葡萄酒向來以展現無與倫比的純淨度著稱，風格內斂，具有礦物風味，這款 Originel 也不例外。

＊添加少量二氧化硫

Lous Grèzes, *Les Elles*
法國隆格多克

夏多內

伍德拉夫花（Woodruff flower）｜帶核水果｜蜂蠟

　　Lous Grèzes 於 2002 年由比利時夫婦 Trees 和 Luc Lybaert 創建於隆格多克的偏僻 Cevennes 山麓。這款夏多內具有緊實的礦物風味，完美地表達了葡萄樹生長的石灰岩高原的風土。他們還釀造口感濃郁、餘韻持久的紅酒（通常在瓶中陳年一段時間後上市），味道有點像把整株地中海灌木的鮮鹹風味給裝入酒瓶中。

＊無添加二氧化硫

Domaine Houillon, *Savagnin Ouillé*
侏儸 Pupillin

莎瓦涅（Savagnin）

新鮮核桃｜芥末籽｜金合歡花

　　該酒莊由自然酒忠實信徒 Pierre Overnoy 擁有並經營了超過 30 年後，如今交棒給與他同樣能幹的義子 Emmanuel Houillon。這款白酒在桶中陳放八年之後，於 2012 年 6 月才裝瓶，如今嘗來極具深度，展現多層次的風味，餘韻綿長。

＊無添加二氧化硫

Matassa, *Vin de Pays des Côtes Catalanes Blanc*
胡西雍

灰格那希（Grenache gris）、馬卡貝甌（macabeo）

鼠尾草｜烘烤杏仁｜薄荷腦

　　在南法 Calce 區落腳之前，Tom Lubbe 在如今相當受歡迎的南非斯瓦特蘭（Swartland）成立 The Observatory 酒莊。在當時不論是就種植或釀酒方面，都屬前衛派。延續同樣風格的 Matassa 酒莊是 Tom 的新計畫，從其 Romanissa 葡萄園頂端往下眺望，壯觀且無邊無際的景致，還真的不輸非洲。這款風格高雅、酒體輕盈的干型白酒，葡萄選自以片岩土質為主的葡萄園，帶著乾燥香草、略鹹與清新的薄荷腦氣息。

＊添加少量二氧化硫

Catherine and Gilles Verge, *L'Ecart*
布根地

夏多內

煙燻味｜忍冬｜礦物味

　　Verge 夫妻大概是我這幾年認識的所有酒農中最低調且神祕的一對。Catherine 與 Gilles 的酒款會讓即便是最

上圖：
葡萄酒最好能躺平儲存，以確保軟木塞保持濕潤。

為反對無添加二氧化硫酒款的酒評都大為驚豔。L'Ecart 來自酒莊 89 歲的葡萄樹，酒款通常是經窖藏五年後才釋出。漫長的陳年期有助於穩定酒質，即便是開瓶數週後都鮮少變質。撰文期間，我曾試驗過這款酒到底可以放多久。我在 2013 年 10 月開瓶，偶爾倒上一杯後，便隨性地塞回軟木塞，不去理會瓶中氧氣多寡，再放回我那從維多利亞時期的輸煤槽改造的潮濕酒窖裡。2014 年 1 月，我從瓶中倒出最後一小杯時，依舊美味。表示這款酒整整三個月都沒有變質，這讓我驚訝不已。

這款夏多內展現了所有特級園（grand cru）等級酒款應有的特點，口感緊實、架構良好，極為新鮮，並有鋼鐵般的質地，以及彷彿能一口咬下的礦物感。L'Ecart 酒香極為濃郁而多層次，帶有甜美新鮮的奶油、些許鹹味與煙燻味，以及令人陶醉的花香。這款佳釀絕對出乎意料，愛酒人士不可錯過。

＊無添加二氧化硫

法國
酒體飽滿的白酒

Marie & Vincent Tricot, *Escargot*
歐維聶（Auvergne）
夏多內
哈密瓜｜礦物味｜蠟質

西元前 50 年左右，葡萄藤隨著凱撒大帝來到歐維聶，隨後一直繁盛起來，直到 20 世紀初根瘤蚜蟲摧毀了此區的葡萄園。如今，歐維聶區的葡萄酒業正在捲土重來，現在更是大量自然派葡萄酒的產地。甚至要說它是世界上自然酒生產者數量最為密集的產區之一也不為過。得天獨厚的風土條件（主要是火山土壤），此區的自然酒純淨且帶有濃郁的礦物味。Escargot 的品質與許多布根地優質葡萄園相比幾乎不相上下，價格卻僅有後者的一小部分。此區其他值得關注的酒農還有：Patrick Bouju、Maupertuis、Le Picatier、François Dhumes 和 Vincent Marie。

＊無添加二氧化硫

Le Petit Domaine de Gimios, *Muscat Sec des Roumanis*
隆格多克 St-Jean de Minervois
蜜思嘉
乾燥玫瑰花瓣｜荔枝｜百里香

Anne-Marie Lavayss 與兒子 Pierre 釀造的干型蜜思嘉白酒，大概是鄰近產區中最為純淨的一款。葡萄園位於外露的石灰岩上，地中海灌木叢滿布其間。不同於釀造甜型加烈酒（fortified）的當地酒農，Anne-Marie 偏好干型酒款，並釀出了產量極小卻極具魅力的佳釀。這款風格強烈的白酒，令人難以抗拒，風味濃郁、芬芳撲鼻，並充滿酚化物質。（更多有關 Lavaysses 故事請參閱頁 52-53〈談葡萄園中的藥用植物〉。）

＊無添加二氧化硫

Domaine Etienne & Sébastien Riffault, *Auksinis*
羅亞爾河松塞爾
白蘇維濃
迷迭香｜馬鞭草｜煙燻蘆筍

　　這款酒非但不同於你過去所品嘗的任何松塞爾，更堪稱是最好的一款。Sébastien 的酒款足以重新定義白蘇維濃的風味，也可能是現今所有白蘇維濃中最令人印象深刻的一款。此白蘇維濃完全不是松塞爾一貫的活力四射風格，而是深沉、華麗，並蘊含著礦物風味的緊緻度，是來自松塞爾石灰岩丘陵特有的風格。

＊無添加二氧化硫

Domaine Léon Barral, *Vin de Pays de l'Hérault*
隆格多克
鐵烈與些許維歐尼耶和胡珊（roussanne）
白桃｜胡椒｜檸檬皮

　　Didier 位於佛傑爾（Faugères）產區的酒莊是以其祖父為名，是一家採用農業多樣化的模範酒莊，實力不可小覷。Domaine Léon Barral 擁有 30 公頃的葡萄園，另外 30 公頃則為牧地、休耕地與樹林，更畜有牛、豬和馬匹等多種動物。這款白酒酒體飽滿，質地略帶油滑感，此年份的香氣尤其鮮明。除此之外，他的紅酒（特別是 Jadis 與 Valiniere）更具有絕佳的陳年潛力（更多關於 Didier 的故事請參見頁 112-113〈Didier Barral 談觀察〉）。

＊無添加二氧化硫

Alexandre Bain, *Mademoiselle M*
羅亞爾河普依─芙美（Pouilly-Fumé）
白蘇維濃
金合歡花蜜｜些許煙燻味｜鹽

　　Alexandre 的酒其實不能歸屬於普依─芙美法定產區，因為他已因釀造風格「非典型」的葡萄酒而失去使用該產區名稱的權利（整件事十分荒謬，因為他可能是唯一一位與產區風土有真正聯結的酒農。詳情請參見頁 110），儘管如此，我還是選擇介紹這款酒，因為對我來說，它是普依─芙美的最佳代表作之一。Alexandre 絕對是此區的怪咖。他不只遵行有機耕種，更以馬犁田；除

此之外，他還拒絕添加任何酵母或二氧化硫，這讓他的酒款成為此知名產區最細緻也最令人興奮的作品之一。這款 Mademoiselle M 美味而討喜，而酒莊其他白蘇維濃也同樣值得找來品嘗。

＊無添加二氧化硫

Le Casot des Mailloles, *Le Blanc*
胡西雍班努斯（Banyuls）
白格那希（Grenache blanc）、灰格那希
杏花｜鹵水｜蜂蜜

　　由膜拜自然酒農 Alain Castex 與 Ghislaine Magnier 創立，如今由 Alain 的年輕學徒 Jordi Perez 獨自掌管。Le Casot 在位於西班牙邊境的班紐斯的車庫裡釀造出一系列無添加二氧化硫的酒款。他們種植的梯田葡萄園多以片岩為主，山谷直接從地中海切進庇里牛斯山脈。這款 Le Blanc 嘗來有如風暴一般猛烈，美麗而帶有令人驚豔不已的複雜度，隨著時間的演進，會展現出更直接、精準而內斂的風格。

＊無添加二氧化硫

義大利

義大利
酒體輕盈的白酒

Cascina degli Ulivi, *Semplicemente Bellotti Bianco*
皮蒙

柯蒂斯（Cortese）

歐洲青李｜洋茴香籽｜柑橘

在本書出版後，自然酒傳奇人物 Stefano Bellotti（就是那位因為在葡萄園中種植桃樹而與有關單位槓上的釀酒師，見頁 110）不幸過世，但他的工作理念和農場依然存在。Stefano 著重於酒款的適飲性，而其三款 Semplicemente 葡萄酒，口感簡單而美味，清爽、芳香而易飲。所有 Cascina degli Ulivi 的葡萄酒都沒有添加二氧化硫，口感更為複雜的特釀酒款同樣如此。

＊無添加二氧化硫，有經過濾

Valli Unite, *Ciapè*
皮蒙

柯蒂斯

杏仁｜茴香｜甜瓜

Valli Unite 是位於皮蒙山頂的社區。這個有機合作社於 1981 年由三名年輕農民創立，為要扭轉農村逐漸被遺棄的局勢，並使那些選擇過不同生活方式的人能夠繼續留在這片土地上。不少人加入了他們的行列，最終成為一個以 Valli Unite 為家的 35 人社區。他們共同照顧 100 公頃的土地和森林，擁有葡萄樹、穀物、雞、豬、蜜蜂和蔬菜，並經營餐廳和 B&B。他們釀造的多種葡萄酒是社區的主要收入來源，包括這款 Ciapè 葡萄酒和一些採用原生品種 timorasso 的特釀酒款。

＊無添加二氧化硫

義大利
酒體中等的白酒

Daniele Piccinin, *Bianco dei Muni*
唯內多

夏多內、durella

金黃蘋果｜打火石｜忍冬

Daniele 與 Camilla 夫妻和女兒 Lavinia 一同住在維洛納東北邊的 Alpone 山谷。Daniele 在此專心致力於原生品種 durella 的種植與釀造。他將自行蒸餾製造的草本製劑用在葡萄園內，以增加葡萄樹的抵抗力（見頁 76-77〈精油和酊劑〉）。新年份呈現出此酒款至今最為溫和而吸引人的一面。

＊添加少量二氧化硫

Nino Barraco, *Vignammare*
馬沙拉（Marsala）

格里洛（Grillo）

海藻｜金橘｜碘味

Nino 在以加烈葡萄酒聞名的馬沙拉地區釀造少見的未加烈靜態酒。Vignammare 所使用的葡萄是為了要捕捉「酒杯中的海洋氣息」而種植在沙丘上的葡萄樹。Vignammare 沒有添加二氧化硫，但 Nino 其他酒款的二氧化硫總量通常約為 20-35 毫克／公升。他的另一款值得關注的特釀是 Alto Grado 2009，這是「復古風格」的馬沙拉酒，由晚摘的格里洛老藤釀製而成，然後在 flor 酵母層的保護下，於大型栗木桶中陳年六年。

＊無添加二氧化硫

Orsi Vigneto San Vito, *Posca Bianca*

艾米利亞—羅馬涅

Pignoletto、alionza、馬爾瓦西亞（malvasia）、albana、麗絲玲、白蘇維濃、夏多內

新鮮核桃｜鹵水｜葡萄柚皮

Federico Orsi 和 Carola Pallavicino 於 2005 年接管了這座位於波隆納（Bologna）郊外山區歷史悠久的農場。除了種植葡萄樹外，他們還為當地餐廳種植蔬菜，並放養可以自由漫步的 Mora Romagnola 豬（Federico 把豬隻從頭到尾做使用，還製作了出色的 mortadella 香腸）。

Posca Bianca 是一款從 2011 年開始進行酒桶混調的成果。將來自不同年份、葡萄品種和在不同容器中陳年的葡萄酒一起混釀。每一年再以新鮮葡萄酒添桶，將酒桶加滿以防止氧化。成果是一款以 2011 年起所有年份葡萄酒混調的酒款。正如 Federico 所說：「這是一款不斷演進的葡萄酒，也是此產區風土的綜合體。」

＊添加少量二氧化硫

Francesco Guccione, *T*

西西里島

崔比亞諾（Trebbiano）

杏仁｜洋茴香籽｜成熟檸檬皮

在巴勒摩（Palermo）附近海拔約 500 公尺，一處人跡罕至的區域，生性靦腆的 Francesco 在富含鐵質的土壤上以生物動力法種植了 6 公頃的葡萄園。他的崔比亞諾葡萄樹採用高棚式葡萄引枝法。此品種多生長在托斯卡尼（Tuscany）與阿布魯佐（Abruzzo），種在南義島上似乎格格不入。但實際上自西元 1400 年以來，在 Cerasa 早有崔比亞諾葡萄的蹤跡。這款 T 葡萄酒香氣濃郁，略帶單寧感（經過兩天浸皮），層次豐富。Francesco 的葡萄酒通常極具陳年實力，適合窖藏。在他的酒莊裡，不難在酒桶裡看到經過五、六年陳年的葡萄酒。

＊添加少量二氧化硫

Le Coste, *Bianco*

拉齊奧（Lazio）

主要是 procanico，加上 Malvasia di candia、Malvasia puntinata、維門替諾（Vermentino）、greco antico、ansonica、verdello 和 roscetto。

榲桲｜堅果｜礦物味（來自火山土壤）

Gian-Marco Antonuzi 在 2004 年於距離羅馬 150 公里、托斯卡尼邊界的 Viterbo 省購買了 3 公頃的廢棄山坡，在當地被稱為 Le Coste。這個名字沿用至今，而酒莊規模更是逐日擴大，如今擁有橄欖園、果樹、四十多年樹齡（租用）的葡萄樹，以及 Gian-Março 和他的妻子 Clementine Bouveron 計劃用來飼養動物的古老梯田。Le Coste 的 Bianco 是一種以 procanico（85%）為主的混釀酒款，在大型橡木桶（foudre）中發酵約一年，裝瓶前繼續在桶中陳年一年。

＊無添加二氧化硫

Lammidia, *Anfora Bianco*

阿布魯佐

崔比亞諾

鹹味｜白胡椒｜杏仁

Davide 和 Marco 的葡萄酒是絕對的「真材實料」。這兩名富有冒險精神的年輕阿布魯佐人從三歲起就是好友，他們滿懷熱情地投身於葡萄酒生產，並以阿布魯佐方言中的「邪惡之眼（la'mmidia）」為酒莊命名。「阿布魯佐有個古老的儀式，區內的智者老婦會使用一種由水、油和魔法所組成的魔水來擺脫嫉妒和邪惡之靈。在我們第一次採收後，發酵突然停止，所以我們請了 Antonia 奶奶來執行儀式，之後發酵奇蹟般地重新開始。現在 Antonia 奶奶在每次採收前都會先來驅除邪靈。」兩人如此解釋。他們的 Anfora Bianco 經過 24 小時浸皮，然後繼續在陶罐中經過一年的陳年。

＊無添加二氧化硫

歐洲其他產區

歐洲其他產區
酒體輕盈的白酒

Francuska Vinarija, *Istina*
塞爾維亞提莫克（Timok）
麗絲玲
月桂葉｜白桃｜萊姆

　　土壤專家 Cyrille Bongiraud 認為：「法國最好的產區風土已全數發掘殆盡了。」他過去曾是兩百多家酒莊的顧問，足跡遍及法國，其中不乏如 Comtes Lafon 與 Zind-Humbrecht 等名莊，另外還有不少位於義大利、西班牙與美國。正因如此，他與酒農妻子 Estelle 選擇在法國以外的歐洲國家尋覓最好的地塊。Estelle 的姑婆來頭不小，過去可是布根地伯恩濟貧醫院（Hospices de Beaune）的院長！幾經尋覓，這對布根地夫妻在中歐塞爾維亞找到一塊位於多瑙河（Danube）河谷中的石灰岩葡萄園。這款 Istina 白酒風格內斂、帶有礦物味與特出的汽油調性，呈現典型的麗絲玲風味，具有自然酒特有的圓潤口感（請注意：開瓶兩三天後的表現最佳）。

＊添加少量二氧化硫

Stefan Vetter, *Sylvaner, CK*
德國弗蘭肯（Franken）
希爾瓦那
芹菜莖｜泰國青檸（Kaffir Lime）｜鮮奶油

　　Stefan 在 2010 年於巴伐利亞找到了一塊令他「一見鍾情」的 60 年老藤葡萄園。他一直想種植法蘭克尼亞（Franconia）傳統品種希爾瓦那，如今擁有一塊占地 1.5 公頃的小葡萄園（其中也種有少數麗絲玲），用以釀造他的 CK 希爾瓦那白酒。剛開瓶時，這款酒相當閉鎖，需要一點時間才會散發出美妙、可口而細緻的香氣。

＊添加少量二氧化硫

歐洲其他產區
酒體中等的白酒

Strekov 1075, *Rizling*
斯洛伐克 Južnoslovenská
Rizling vlašský（又稱 welschriesling）
紅蘋果皮｜茴香籽｜木瓜乳酪

　　Zsolt Sütó 以斯洛伐克傳統葡萄產區 Strekov 村的首次出現釀酒記錄的日期來為他的酒莊取名。他是一位極具創意與創新精神的酒農，釀出的葡萄酒總是充滿感情與豐富質地，寬廣的口感中又帶著緊實度。擁有許多未添加二氧化硫的酒款所具有的廣度，卻又兼具爽脆的調性。他自 2017 年起停止使用二氧化硫，也不經澄清與過濾，因此他的葡萄酒經常外觀渾濁，這也是斯洛伐克葡萄酒當局限制其外銷的主因。這款威爾士麗絲玲（welschriesling）是在老橡木桶中陳年，具有美味、甘甜的豐富口感，以及特出的礦物氣息。

＊無添加二氧化硫

Gut Oggau, *Theodora*
奧地利布根蘭（Burgenland）
綠維特林納（Grüner veltliner）、威爾士麗絲玲
釋迦｜白胡椒｜小豆蔻

　　Stephanie 和 Eduard Tscheppe-Eselbock 夫妻於 2007 年接手了位於奧高（Oggau）產區一座老舊但頗具規模的莊園，當時名為 Vineyard Wimmer。不但具有悠久的釀酒歷史，園中幾道牆的歷史甚至可追溯到 17 世紀。除了在此釀出架構優良的可口酒款之外，Stephanie 與 Eduard 這對夫妻厲害之處在於創造出一個多代同堂的葡萄酒家族，每款酒都有家族成員各自的臉孔與其個性相匹配的背景故事。這款 Theodora 取名自家族最年輕的成員，但正如同所有年輕女人一樣，這個易飲的酒款會隨著時間益發成熟。

＊添加少量二氧化硫

Mendall, *Abeurador*
西班牙 Terra Alta
馬卡貝甌
黃李（Mirabelle）｜八角｜芥末籽

    Laureano Serres 是位於 Tarragona 的 Mendall 酒莊的莊主。他可以說是西班牙葡萄酒的異類，因為在西班牙釀造不添加二氧化硫酒款的生產者少之又少。原本在科技業工作的他，決心來個職場大轉彎，走向戶外。先是擔任一家葡萄酒共同合作社的經理，卻因為試圖幫助合作社以較無人工干預的方式釀酒而慘遭開除，之後創立了自己的酒莊。所幸如此，因為 Laureano 的酒可以說是西班牙無添加二氧化硫的酒款中最令人驚豔的。正如他所說，葡萄酒應該是「由植物而來的水，而非加入不同原料的湯」。

＊無添加二氧化硫

2Naturkinder, *Fledermaus*
德國弗蘭肯
穆勒土高（müller-thurgau）、希爾瓦那
豌豆花｜土壤｜碎米

    在倫敦認識自然酒後，Melanie 與 Michael 辭去工作，加入了 Michael 父母在德國的葡萄園。他們在此種植傳統的弗蘭肯葡萄品種（希爾瓦那、巴克斯〔Bacchus〕、穆勒土高和 schwarzriesling）。釀造 Fledermaus（意思是「蝙蝠」）酒款的葡萄園裡有一座兩人捐贈給蝙蝠保育協會的小屋。他們在葡萄園周圍散佈蝙蝠保育箱，以創造一種共生關係，使他們毛茸茸的朋友可以在此閒逛，蝙蝠也以糞肥做為回饋，成為絕佳的肥料。葡萄酒的利潤也透過 Landesbund für Vogelschutz 做為蝙蝠保育。Melanie 與 Michael 也說明酒款的酒標是以「此區越來越罕見的灰色長耳蝙蝠為主視覺。牠們非常可愛，我們希望幫助牠們繼續與葡萄園共存」。

＊無添加二氧化硫

歐洲其他產區
酒體飽滿的白酒

Weingut Sepp Muster, *Sgaminegg*
奧地利南施泰爾馬克（Sudsteiermark）
白蘇維濃、夏多內
歐洲青李｜番紅花｜新鮮栗子

    酒莊歷史可追溯至 1727 年，過去是由 Sepp 的雙親負責耕種，直到 Sepp 與妻子 Maria 旅居國外多年回國後，才由他們接棒管理。兩夫婦心胸開放、做法前衛，無論是在葡萄園或在酒窖都相當先進。Maria 的兩位兄弟 Ewald 與 Andreas Tscheppe（見頁 156）就住在附近，同樣是自然酒生產者，是奧地利南部知名的自然酒三人組。

    Muster 酒莊的酒款是以地塊分級，而這款 Sgaminegg 白酒（來自多岩的地塊）是所有酒款中嘗來最具岩石與礦物味的一款，高雅與氣質兼具。

＊無添加二氧化硫

Roland Tauss, *Honig*
奧地利南施泰爾馬克
白蘇維濃
芭樂｜百香果｜新鮮芫荽

    Roland 的自然哲學展現在他生活中的所有層面，就連他與妻子 Alice 一同經營的民宿早餐，也提供了現榨葡萄汁與鄰居所生產的有機蜂蜜。Roland 也逐步將酒窖中所有「非自然」的東西移除，包括水泥槽與不鏽鋼槽等。正如他在 2013 年 12 月所說，一棵樹需要多年的時間才會成長苗壯，因此他認為樹木所擁有的精力可透過橡木桶傳遞到葡萄酒中；相反的，其他冰冷材質如不鏽鋼桶等則會吸取酒中的精力。我在桶邊試飲這款酒時，酒中沒有添加任何二氧化硫，而 Roland 也不打算在裝瓶時添加。酒液當時還在與酒渣接觸，香氣撲鼻，幾乎令人聯想到格烏茲塔明那所帶有的異國水果味。這是款純淨優美的白酒，讓人幾乎可以聆聽到酒中輕吟的樂音。

＊無添加二氧化硫

Weingut Werlitsch, *Ex-Vero II*

奧地利南施泰爾馬克

白蘇維濃、夏多內（當地稱為 morillon）

柿子｜打火石｜新鮮核桃

　　對土壤的組成與微生物有莫大興趣的 Ewald Tscheppe，是 Maria Muster 的手足之一（見上頁）。參訪當天，我們在他的葡萄園中遊走，他教我如何透過觸摸土壤與觀察不同植物的根部發展，來了解土壤的狀態。即便是相連的地塊，只需挖起一些土，就可以看得出哪些地塊的土壤發展良好，哪些則否。我們還發現，不同地塊的土壤具有明顯而不同的溫度（有生命的土壤有助於調節溫度，在夏天降溫，冬天升溫）、不同的顏色（養分豐富的土壤通常顏色偏深），甚至是不同的質地（健康的土壤通常摸起來較為鬆軟，反之則像是水泥一般堅硬）。（見頁 25-28〈葡萄園：具生命力的土壤〉）這款酒來自奧地利南部的施泰爾馬克，帶有打火石香氣、平衡的橡木辛香料味，與剛剝皮的新鮮核桃香氣。酸度明亮、風味集中、口感緊緻，預計未來數年還會繼續發展。雖然品嘗時尚未裝瓶，Ewald 向我擔保這款酒不會添加任何二氧化硫。

＊無添加二氧化硫

Rudolf & Rita Trossen, *Schiefergold Riesling Pur'us*

德國摩塞爾

麗絲玲

薑｜煙燻礦物味｜栗子蜂蜜

　　Trossen 夫婦自 1978 年以來一直採用有機農法，這與德國市場相當保守的習性背道而馳。也因此，他們的葡萄酒多數都是外銷。酒莊主要在灰色和藍色板岩上種植麗絲玲，他們於 2010 年推出了第一款自然酒（完全沒添加也沒移除任何東西），發現這款酒的發展與其他加入二氧化硫的酒款發展完全不同，顯現出隱藏於酒中的深度與優雅度。他們從此完全走向自然，Pur'us 系列就此誕生。該系列中的所有葡萄酒都相當優異，其中又以 Schiefergold 最勝出（來自陡峭山坡上未嫁接的百歲老藤）——它的濃郁度、複雜度和餘味都非比尋常。

＊無添加二氧化硫

UPPA Winery, *Chernaya River Valley, Cler Nummulite Riesling*

克里米亞 Sevastopol

麗絲玲

蠟質｜枇杷｜金李

　　烏克蘭人 Pavel Shvets 在俄羅斯擔任侍酒師時，學會了一切關於葡萄酒的知識，並在 2000 年榮獲「俄羅斯最佳侍酒師」的頭銜。在 1990 年代回到 Sevastopol 後，他於 2008 年創建了 UPPA 酒莊，是該區生物動力法的先驅。不幸的是，位於克里米亞意味著 UPPA 在政治動盪的情況下，很難外銷他的葡萄酒，因此在歐洲也很難找到。這款麗絲玲經過 18 個月的酒渣陳年，開瓶時微帶氣泡。Pavel 還釀造了數十款葡萄酒，其中包括各樣的自然微泡酒。

＊無添加二氧化硫

Georgas Family, *Black Label Retsina*

希臘阿提卡（Attica）

Savatiano

萊姆皮｜松針｜鹹味

　　Dimitris Georgas 是第四代酒農，他於 1998 年接管了位於雅典郊外的家族葡萄園，並轉變為有機耕作。釀造葡萄酒之餘，他也生產葡萄汁、傳統葡萄濃縮液、葡萄水和品質優異的松脂酒（retsina）。這款以傳統 Savatiano 葡萄釀造的淡檸檬色白酒活力十足，經過一週的浸皮，與當地的地中海白松脂一同發酵，方法源自數千年前（約西元前 1700 年）的古希臘習俗，當時松脂用作防腐劑。在 1960 和 1970 年代，由於雅典小酒館出售劣質松脂酒，大大損害了此類酒款的聲譽，並造成廉價的觀光客度假酒形象。但 Dimitris 的松脂酒清爽而美味，令人驚豔。

＊無添加二氧化硫

新世界

新世界
酒體輕盈的白酒

Les Pervenches, *Le Couchant*

加拿大魁北克省

夏多內

咖哩葉｜肉豆蔻｜金黃蘋果

這座 7 公頃的農場（葡萄園占地 4 公頃）創立於 1991 年，由 VéroniqueHupin 和 Michael Marler 於 2000 年接管。幾年後，他們開始採用有機耕種，之後又轉為生物動力法。Le Couchant 來自 1991 年種植的一片排水良好、沙質、礫石的地塊，是魁北克省最古老的夏多內葡萄園。其北部和西部是大片楓樹林，得以保護葡萄園免受強勁西風的侵襲，創造出一個適合夏多內生長的溫暖微型氣候。

＊無添加二氧化硫

Hardesty, *Riesling*

美國加州 Willow Creek

麗絲玲

青萊姆｜葡萄柚｜乾燥鼠尾草

在南加州出生的 Chad Hardesty，因著對這塊土地的熱愛讓他北上工作，並開始經營起自己的有機蔬果農場，供應當地餐廳，也在農夫市集銷售。隨後在加州釀酒先鋒 Tony Coturri 的指導之下，Chad 開始釀起酒來；並於 2008 年將他第一個年份酒款上市銷售。如今，這位年輕的酒農兼釀酒師已能夠以精準的技藝釀出獨具礦香氣的酒款；內斂、緊緻，正如他其他的紅白酒一樣。其 2010 年的麗絲玲白酒相當美味，口感清新而凜冽。我也非常喜歡他的 Blanc du Nord，Chad 絕對是一位值得繼續關注的新星。

＊無添加二氧化硫

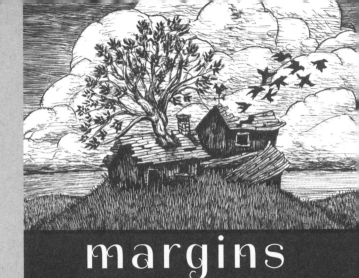

margins
Contra Costa County
2019 Muscat blanc

上圖：
Margins Wine 的 Megan Bell 與位於 Santa Cruz 山區的葡萄園合作。為推動有機耕作，她與一群加州年輕釀酒師除了買入釀酒葡萄外，也積極參與所有的種植過程。

新世界
酒體中等的白酒

Stirm Wine Company, *Wirz Vineyard, Riesling*

美國加州

麗絲玲

粉紅葡萄柚｜洋甘菊｜小白花

考慮到當地的土地價格，Ryan Stirm 除了買入葡萄以外，還藉由租賃廢棄、偏遠或受到病蟲害影響的葡萄園來增加釀酒葡萄的數量。他宛如葡萄樹醫師一般悉心呵護這些葡萄園使其恢復健康。Ryan 最喜歡的葡萄是麗絲玲。這款口感豐富，充滿礦物風味的麗絲玲來自種於 1964 年的旱作、低產量老藤。他的酒莊也培養出許多才華橫溢的年輕釀酒師，像是 Megan Bell（Margins Wine，見上文）和 James Jelks（Florèz Wines），他們通常以在葡萄園幫忙的方式換取使用釀酒廠的機會。

＊添加少量二氧化硫

上圖：
在美國芬格湖群（Finger Lakes）的 Bloomer Creek 葡萄園，在混釀之前，一字排開的不同年份晚摘酒和連夜榨汁的麗絲玲和格烏茲塔明那。

Bloomer Creek, *Barrow Vineyard*
美國芬格湖群
麗絲玲
野生蜜桃｜柑橘｜杏桃乾

對 Kim Engle 和妻子 Debra Bermingham 來說，葡萄酒是一種能夠聚集經驗和記憶的藝術表達形式。他們的 Bloomer Creek 葡萄園花了 30 年的時間才建成。他們悉心呵護，以手工採收，在酒窖中緩慢發酵，蘋果酸乳酸轉化通常要到接近採收後的夏季才完成。由於此區涼爽的氣候，第一次品嘗這款麗絲玲時，我預期的是較為艱澀的口感，卻嘗到了一種令我驚訝的柔軟和奔放（這要歸功於湖區溫和的微氣候）。我特別喜歡它柔和近乎奶油般的質地，與鮮明的礦物氣息和複雜度。

＊無添加二氧化硫

Sato Wines, *Riesling*
紐西蘭中奧塔哥（Central Otago）
麗絲玲
金銀花｜油桃｜多香果

45 歲時，投資銀行家佐藤嘉晃（Yoshiaki Sato）與妻子佐藤公子（Kyoko Sato）放棄了城市工作，一頭栽進葡萄酒釀造領域，最終在紐西蘭中奧塔哥開設了店面。為了增加釀酒經驗，他們分別在南半球和北半球進行採收，包括在阿爾薩斯與極受尊崇的 Pierre Frick 一起工作。Sato 的葡萄酒釀造優異，他們的黑皮諾酒款也值得注意。

＊添加少量二氧化硫

Si Vintners, *White SI*
澳洲瑪格麗特河
榭密雍、夏多內
綠芒果｜烤蘋果｜薑味

Sarah Morris 與 Iwo Jakimowicz（SI）在於西班牙薩拉戈薩省（Zaragoza）的釀酒合作社工作過幾年後，決定於 2010 年回到家鄉，並於瑪格麗特河買了一塊占地 12 公頃的酒莊（其中超過三分之二是葡萄園）。捨不得放棄西班牙的他們，與幾位朋友一同創立了名為 Paco & Co 的西班牙釀酒計畫，自此在西班牙與澳洲兩邊跑。這款酒使用不同釀酒容器，包括蛋型水泥槽、大型舊橡木桶以及不鏽鋼槽釀製，產量僅約 1,440 瓶左右。不妨也留意 Paco & Co 的西班牙卡拉塔由（Calatayud）產區酒款，這是他們以樹齡 80 歲以上的格那希葡萄釀造的酒款。

＊添加少量二氧化硫

La Clarine, *Jambalaia Blanc*
美國加州榭拉山麓（Sierra Foothills）
維歐尼耶、馬珊（marsanne）、阿爾巴利諾（albariño）
小蒙仙（petit manseng）
杏桃｜成熟蜜瓜｜乾草

受福岡正信（見〈葡萄園：自然農法〉，頁 36）的文字啟發，Hank Beckmeyer 開始質疑農耕的基礎，並想了解若放棄控制一切（甚至有機農耕法），而從主動參與者變成照顧者的角色，最後會釀出什麼樣的酒來。但

如 Hank 在酒莊官網的解釋：「放下『已知』與習慣，並下定決心信任自然過程。這也許看似大膽，但其實更需要的是接受命運；因為這意味著失敗的可能性。」

如今，酒莊占地 4 公頃的園地種有葡萄，還畜養了山羊與無數的狗、貓、蜜蜂、雞隻、鳥、金花鼠，以及各類花卉和香草。這款口感豐腴、飽滿卻不失新鮮感的酒款，其實相當具有隆河白酒的風格，而他有許多酒都是走類似的路線。Hank 也釀造了不少可口且值得找來一嘗的紅酒，特別是他自海拔 900 公尺的葡萄園所釀的 Sumu Kaw 希哈紅酒。

＊添加少量二氧化硫

Populis, *Populis White*
美國北加州
夏多內、高倫巴（colombard）
歐洲青李｜柑橘｜梨

美國許多年輕、採用低人工干預法的釀酒師會以購買葡萄的方式釀酒。但這時不時會造成一些挑戰，因為有些酒款可能是用有機葡萄，而有的葡萄則可能是以一般農法栽培。Populis 的情況則非如此，因為他們僅購買來自北加州的有機老藤葡萄。Diego Roig、Sam Baron 和 Shaunt Oungoulian 為他們的家人、朋友和盟友創造了 Populis 品牌，因為他們意識到在當地根本沒有價格合理且具生命力的葡萄酒。這是一款為人們打造的葡萄酒，純淨、美味且價格實惠。酒窖中不使用任何添加物或人工干預，基本上是一款優質的發酵葡萄汁。

＊添加少量二氧化硫

Hiyu Farm, *Falcon Box*
美國俄勒岡州哥倫比亞河峽谷
黑皮諾、灰皮諾、白皮諾、阿里哥蝶、夏多內、莫尼耶（meunier）、布根地香瓜（melon de Bourgogne）
白桃花｜茉莉花｜土壤氣息

Hiyu Farm 是 Hood 河谷的一座占地 12 公頃的農場，是遵行農業整體化、樸門農藝與生物動力學並行之地。在此除草不翻土，而是利用生活在葡萄樹之間的豬、牛、雞、鴨和鵝等控制著植物生長。葡萄樹與菜園、林地和牧場並肩而立，甚至葡萄園本身也具生物多樣性並獨樹一格，其上有八十多種不同的葡萄品種在這片小塊

土地上共同生長並一起採收，反映出創辦人 Nate Ready 對產區風土的願景。以布根地品種的園內混釀方式，使酒中展現出無比純淨的香氣。

＊添加少量二氧化硫

新世界
酒體飽滿的白酒

AmByth, *Priscus*
美國加州 Paso Robles
白格那希、胡珊、馬珊、維歐尼耶
白桃｜甘草棒｜豌豆花

威爾斯人 Phillip Hart 與加州妻子 Mary Morwood Hart 在 Paso Robles 產區經營一座旱作農場（見〈旱作農耕〉，頁 38-39）。有鑑於加州水源的匱乏，特別是當 2013 年酒莊僅有區區 1.27 釐米的雨量時，你不得不對他們堅持旱作肅然起敬。他們也不在酒中添加任何二氧化硫（這在加州又是另一項豐功偉業）。酒款 Priscus 在拉丁文有「可敬而古老的」之意，是款充滿生氣、帶著草本風味的白酒，和酒莊其他品項一樣，都十分美味可口。

＊無添加二氧化硫

Dominio Vicari, *Malvasia da Cândiae Petit Manseng*
巴西 Santa Catarina
Malvasia di candia 和小蒙仙
萊姆皮｜百香果｜蘆筍

酒莊是由 Lizete Vicari（陶藝家）和兒子 José Augusto Fasolo（釀酒師）於 2008 年在他們的車庫裡創建，如今已成為巴西的膜拜工匠酒莊之一。他們也屬於巴西這個規模雖小，但正在蓬勃發展的自然酒農社群的一部分。Lizete 愛上了低人工干預的釀酒藝術，她使用家族位於 RioGrande do Sul 州 Monte Belo do Sul 鎮種植的葡萄來釀造葡萄酒。以採用巴西隨處可見的 Riesling Italico 葡萄釀製橘酒而聞名。如今，她和兒子以不同品種生產多款葡萄酒，包括梅洛、卡本內、白蘇維濃、格雷切托

（grechetto）、麗波拉吉亞拉（Ribolla Gialla）等，全部都是以自然派手法釀製，不經溫控、澄清或過濾。

＊無添加二氧化硫

Scholium Project, *The Sylphs*
美國加州
夏多內
綠芒果｜鹹味｜甜橡木味

酒莊名稱 Scholium 源自希臘文，「評論」或「詮釋」之意；也是英文「school」或「scholarship」的字源。莊主 Abe Schoener 將酒莊取名為 Scholium，以表示這是自己「為學習與了解所成立的一個小型釀酒計畫」。成果便是從由他承租的葡萄園中釀出一系列熱情狂野的酒款。這支 The Sylphs 口感濃郁，桶味豐富，並帶著均衡的果香。Scholium 酒款我品嘗的數量不多，但另一款經浸皮的白蘇維濃 The Prince in his Caves 我也非常喜歡。

＊無添加二氧化硫

Caleb Leisure Wines, *Chiasmus*
美國加州榭拉山麓
馬珊、胡珊、維歐尼耶
大麥｜杏桃｜歐鈴蘭

Caleb 是一位可愛的年輕加州人（現在也因跨國婚姻而略微英國化），他的釀酒冒險之旅才剛開始。不久前推出他第一個年份，產量為 420 瓶（以維歐尼耶／馬珊／胡珊釀成的自然微泡酒）與一桶（以同樣三品種釀成的白酒），口感豐富多果香。

我很高興能將 Caleb 納入本書第三版中，因為這實在是個以自然酒結緣的溫馨故事。在看了本書第一版後，某天 Caleb 手捧著書出現在 Tony Coturri 的家門口，對他說：「因為你出現在這本書裡，所以我想來拜訪你。」他以前從未接觸過葡萄酒行業，但因著與 Tony 的友誼，Caleb 開始為他工作，現在也在 Tony 酒窖裡釀造自己的少量葡萄酒。希望這個小故事也能激發葡萄酒世界中其他奇妙的邂逅。

＊無添加二氧化硫

Coturri, *Chardonnay*
美國索諾瑪河谷（Sonoma Valley）
夏多內
菩提樹｜炙燒榛子｜蜂蜜糖

土生土長的加州人 Tony Coturri（見〈蘋果與葡萄〉，頁 128-129）是美國自然酒產業老將，也該是他獲得肯定的時候了。

過去曾是嬉皮的 Tony，於 1960 年代開始在此地種植葡萄。幾十年來，他已釀出不少可口、有機且無添加二氧化硫的自然酒。早年的他，衷心認為自己是個農夫，不但有些被孤立，沒什麼志同道合的友人，甚至還被視為有點瘋癲。「這附近的酒農不稱自己為『農夫』，而是『農場經理』；兩者可是完全迥異的稱號。他們認為『農夫』是個負面的頭銜，像是形容那些穿著連身服工作、靠養雞之類勉強維生的人。他們會說：『我們是農場經理。』而他們甚至不將葡萄栽培或種植葡萄視為農業活動。」Tony 說道。他所釀的酒是以風土為主導，口味純正而酒體濃郁、極具深度，品質出色。他的夏多內僅有 960 瓶，口感綿密柔滑。

＊無添加二氧化硫

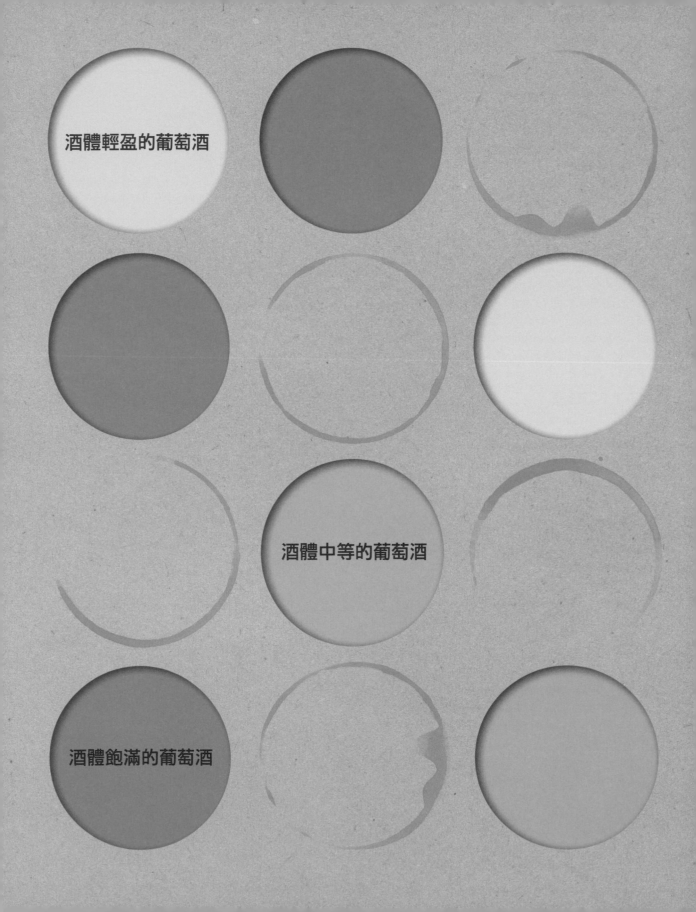

酒體輕盈的葡萄酒

酒體中等的葡萄酒

酒體輕盈的葡萄酒

酒體飽滿的葡萄酒

你是否曾納悶，為什麼在文藝復興時期的畫作中，杯中的白酒似乎不如現今的清澈透明？甚至看起來有些泛橘？這並不是光線昏暗或畫作經歲月的摧殘，而可能是米開朗基羅時代的人所喝的其實就是橘酒。如今，大多數白酒都是在壓榨葡萄後，將葡萄汁分離，並在將葡萄皮、梗和籽移除後，釀造出淡色的葡萄酒。相反的，如果讓葡萄汁與皮、籽或梗一起浸皮和發酵，最終會釀出一種顏色偏橘的葡萄酒：從黃色到法奇那柳橙氣泡果汁（Orangina）的橘色，到芬達汽水的深橘，或甚至是鐵鏽般橘紅色，都有可能。浸泡的時間從數天到數月不等（如頁 169 義大利的 Radikon 橘酒），也有可能長達數年（如頁 169 的南非 Testalonga）。

橘酒

　　橘酒貌似新潮，其實是個古老的傳統。過去在釀造白酒時，做法很可能與紅酒相似，使用整顆葡萄，而非僅用榨出的自流汁。因為以自流汁釀酒受氧化侵襲的可能性較高，過程較為複雜。美國賓州大學的 Patrick McGovern 博士提到：「歷史學家曾發現一只可溯至西元前 3150 年埃及陶罐。瓶中有黃色殘留物、籽和果皮，很可能就是浸皮留下的痕跡。」同樣的，經過浸皮過程的白酒，很可能是「黃色」的。正是老普林尼提過的：「葡萄酒有四色：白、黃、紅與黑。」

橘酒是在哪裡釀造的？

　　儘管橘酒近年來已開始嶄露頭角，並迅速竄紅，但相較於紅酒、白酒甚至粉紅酒仍然相對罕見。西西里島、西班牙和瑞士等地都釀有一些絕佳的橘酒，但最主要的產區是在斯洛維尼亞與周邊國家，包括鄰近的義大利東北部 Collio，這裡橘酒風格大概可以說是葡萄酒中最強烈的一種。產量最多的是喬治亞的高加索地區，因為此地幾乎人人都在自家釀酒。

左圖：
將白葡萄皮與葡萄汁一同浸泡有助於萃取香氣、架構、顏色，這也成為橘酒的定義。

對頁：
橘酒的顏色多樣，從黃色到明亮的橘色均有，有些甚至是深琥珀色。

法規等，請參見 Craig Hawkins 的故事，頁 108-109），或橘酒釀造受到禁止。有機香檳協會主席 Pascal Doquet 提到，在香檳區，酒農有義務依法生產具有 AOC（即具有產區法定名稱）的葡萄酒。這些酒農不得自行降級為法國餐酒（Vin de France），無論是特定酒款或是全系列葡萄酒；但法國大多數其他產區的酒農卻擁有這項選擇。「因此，你要是不生產香檳 AOC 葡萄酒，就必須將葡萄酒送入蒸餾廠。」Pascal 解釋道。問題在於香檳 AOC 法規表明「葡萄必須整體進行榨汁，因此在壓榨之前不能進行任何浸皮的動作。所以香檳或香檳丘（Coteaux Champenois）的酒款必須呈白色。」它們不可能變橘色的。

橘酒嘗來如何？

橘酒可能是你嘗過最獨特的葡萄酒，即便有時極具爭議性，但最好的酒款通常表現力十足而複雜，能帶給品飲者出乎意料的風味和質地。橘酒最引人入勝之處，莫過於其單寧強度。由於酒液與葡萄皮接觸，皮中的單寧（與其他抗氧化物）會被萃取出來，使這些橘酒具有類似於紅酒的質地。若是盲飲或放在不透色的盲品杯時，相信會很難斷定這些酒的類別。

以橘酒搭餐時，是這類葡萄酒展現魅力的時刻，可能還會讓你搭上癮。橘酒的單寧會因餐點而柔化、甚至消失，獨特而多樣的風味

如今隨著橘酒逐漸受到歡迎，市面上也出現不少貌似橘酒的東西，但真正的橘酒不僅要看起來呈橘色，喝起來也得像是橘酒。歐洲最早的橘酒生產者之一 Saša Radikon 認為，橘酒「必須在沒有溫度控制的情況下與原生酵母一同浸皮。如此一來，即使只浸皮五天，酒款看來也會是橘色的。倘若在此期間進行溫控，即便設定在攝氏 20 度，浸皮一整個月後都還是很難萃取到顏色，因為酒液太冷了。」

更重要的是，並不是所有的葡萄酒生產者都能合法生產橘酒。有時可能是官方缺少橘酒的相關規範（例如產區法定名稱機構或外銷

會開始變得相當明顯。橘酒特別適合佐以風味濃郁的料理，例如成熟的硬質乳酪、辣味的燉菜，或以核桃為主的各式餐點。品飲時，在大葡萄酒杯中表現最優，因為橘酒通常需要足夠的空氣才能完全釋放香氣，顯出特性。品嘗橘酒時，最好將之視為紅酒而非白酒，並要避免過低的侍酒溫度。

有人批評橘酒喝起來感覺很類似。確實，當葡萄汁經過浸皮過程後，對酒款的風味、顏色與質地會產生一些影響，但不同的橘酒依舊能展現出各區的風土特色或葡萄品種特性。無論是釀自埃特納的火山岩土壤，或斯瓦特蘭的花崗岩質土壤，或以細緻的麗波拉吉亞拉及較為辛香肥美的灰皮諾釀成，這些橘酒可不會千篇一律。

很難想像「橘酒」一詞最初其實是在2004 年由一位英國葡萄酒專家 David Harvey 提出，也許可以把他視為發明這個詞的人。「過去，這類酒款沒有任何業界認定的標準可循，即便是酒農也不知道該如何稱呼它，」David 解釋道：「而既然我們用酒的顏色來分類，那麼稱這類酒款為橘酒也合情合理。」

酒體輕盈的橘酒

Négondos, *Julep*
加拿大魁北克省

Seyval blanc

柚子｜芹菜籽｜黃油桃

在加拿大種葡萄絕非易事，何況是在嚴寒、惡劣的氣候進行有機耕種。Négondos 創立於 1993 年，是魁北克第一家有機酒莊，僅使用雜交品種釀酒。這些葡萄是透過雜交兩種或多種葡萄品種（但不只是歐亞品種）開發而來，目的是創造出更適合當地氣候的葡萄，可能相對較容易成熟，或對特定疾病有抵抗力。這款以法國雜交品種經過浸皮過程釀造出來的 seyval blanc 口感輕盈細緻，呈現出類似北歐的冷冽質感。純淨的風格可以清楚看出這是產自寒冷氣候的葡萄酒。

＊添加少量二氧化硫

Escoda-Sanahuja, *Els Bassots*
西班牙 Conca de Barbera

白梢楠

煙燻乾稻草｜乾燥榅桲｜葫蘆巴

這支白梢楠橘酒來自西班牙東北部一處石灰岩外露的地塊，是標準的異類。在西班牙種植白梢楠已經夠怪了，釀酒師 Joan-Ramon Escoda 還將它浸皮 8 天。酒款完全不甜，宛如直線般的口感中帶有些許單寧；產量僅 4,500 瓶。

＊無添加二氧化硫

Sextant, *Skin Contact*
法國布根地

阿里哥蝶

蜂蠟｜卡菲青檸葉｜火龍果

Julien Altaber 是布根地酒農新星，他曾與該區膜拜生產者 Dominique Derain 一起工作。一如其他布根地新一代的釀酒師，Julien 在極其保守的葡萄酒經典產區勇於釀造不同的葡萄酒。阿里哥蝶通常被視為二流葡萄，以釀造平淡高酸的葡萄酒著稱，其唯一存在的理由是在調製 Kir 雞尾酒時，用來搭配黑醋栗利口酒（crème de cassis）。然而，從 Julien 的葡萄酒中再度證明，只要葡萄種植得當，並以自然派方式釀造時，任何葡萄都能展現出豐富的個性。Julien 的 Skin Contact 酒款經過 12 天的浸皮（50% 整串，50% 去梗），溫和而純淨，並帶有濃郁的果香。他所有的酒款都具有類似的優雅風格。

＊添加少量二氧化硫

酒體中等的橘酒

Le Soula, *Macération*
法國胡西雍

維門替諾、馬卡貝歐

柑橘皮｜甘草棒｜柿子

Gerald Standley 讓這家優異酒莊聲名大噪。如今由充滿活力的南非人 Wendy Paillé 接手工作。全系列葡萄酒品質都相當好，橘酒更是優異。這款 Macération 經過兩週的浸皮，香氣十足、充滿花香，質地柔軟又飽滿。許多橘酒缺乏廣度，酒體沉重、單寧乾澀，而且普遍缺乏芬芳的新鮮度。最成功的橘酒是那些能夠保留大量輕盈香氣的葡萄酒，就像這一款。

＊添加少量二氧化硫

Denavolo, *Dinavolino*

義大利艾米利亞—羅馬涅

Malvasia di candia aromatica、馬珊、ortrugo 與其他品種

新鮮茴香｜橘皮｜芫荽籽

　　Giulio Armani 身兼 La Stoppa 的釀酒師，但也從自有 3 公頃的 Denavolo 葡萄園釀酒。這款 Dinavolino 經過兩週浸皮，是橘酒的絕佳入門酒款。果味豐富，足以平衡單寧，屬於緊緻風格。一開始香氣雖略微封閉，但開瓶後會逐漸開展為奔放的口感。

＊無添加二氧化硫

Ökologisches Weingut Schmitt, *Orpheus*

德國萊茵黑森（Rheinhessen）

白皮諾

白桃｜金銀花｜牛蒡

　　Daniel 和 Bianca Schmitt 的農場占地 15 公頃，是德國少數獲得 Demeter 認證的 75 家生物動力法酒莊之一。他們的葡萄酒大約有一半是浸皮橘酒，不經過濾，裝瓶時不另外添加二氧化硫（這在德國很少見，大多數生產者，甚至有機和生物動力酒莊，都相當仰賴二氧化硫）。以 Orpheus 為例，葡萄汁經過兩個月浸皮，並在喬治亞 qvevri（或 kvevri）陶罐中陳年一年。

＊無添加二氧化硫

Elisabetta Foradori, *Nosiola*

義大利鐵恩提諾（Trentino）

Nosiola

金合歡花｜夏威夷豆｜鹵水

　　魅力十足的 Elisabetta 以西班牙陶甕（tinaja）釀酒，陶甕是放在地面上而非埋於地裡。葡萄全數去梗，經過 6、7 個月的浸皮時間，再將酒款放進金合歡木桶中約 3 個月，結果是極為細緻而芬芳（略帶花香）的橘酒，並帶有溫和的單寧與些微鹹味。這款酒清新可愛的程度，讓人幾乎忘了它是橘酒。

＊添加少量二氧化硫

Colombaia, *Bianco Toscana*

義大利托斯卡尼

崔比亞諾、馬爾瓦西

榛子｜鹹味焦糖｜梨子

　　Dante Lomazzi 與妻子 Helena 的 4 公頃葡萄園，以黏土與石灰岩質土壤為主。對 Lomazzi 來說，這片葡萄園正如同一座「大型花園」一般。這款橘酒因經過浸皮，具有豐富的鹹味調性，口感極具深度，單寧緊緻。建議也可以試試酒莊另兩款限量生產的 Colombaia Ancestrale 氣泡粉紅酒與白酒。

＊添加少量二氧化硫

Mlečnik, *Ana*

斯洛維尼亞 Vipavska Dolina

夏多內、Sauvignonasse

新鮮菸葉｜番紅花｜些許桃子香

　　Walter Mlečnik 釀造的橘酒相當雅緻。他的酒款通常會經至少四年半的陳年時間才上市，嘗來永遠有極佳的複雜度與成熟風味。這款 Ana 風格高雅，帶有一絲辛香料氣息，是款風格內斂的橘酒。

＊添加少量二氧化硫

Fattoria La Maliosa, *Bianco*

義大利托斯卡尼

Procanico、greco piccolo、ansonica

咖哩葉｜菩提樹蜂蜜｜青檸皮

　　Antonella Manuli 的 165 公頃農場位於馬雷瑪山丘（Maremma Hills），是永續耕種的天堂。耕地、古老的葡萄品種、70 年歷史的橄欖樹與森林共存，在此生產了自然酒、特級初榨橄欖油和甘美的蜂蜜。La Maliosa 是依據著名農學家 Lorenzo Corino 創建的一套規則「Metodo Corino」進行耕作的（參見 Case Corini，頁 188），他也協助 Antonella 管理莊園。La Maliosar 經過有機認證並適合蛋奶素食主義者，酒莊亦持續追蹤碳排放量，確實做到對環境永續的承諾。

＊無添加二氧化硫

Cornelissen, *Munjebel Bianco 7*

義大利西西里島

Carricante、grecanico、coda di volpe

金橘｜綠芒果｜鮮榨萊姆汁

比利時人 Frank Cornelissen 如今已長居西西里島，他具有多重身分，曾為阿爾卑斯登山家、賽車手、葡萄酒進口商，如今更成為埃特納火山熔岩土壤上的頂級自然酒農。這支 Munjebel Bianco 7 以西西里島原生品種釀造，宛如實驗爵士樂一般，風格狂野而難以駕馭。

＊無添加二氧化硫

上圖：
Udo Hirsch 位於土耳其的 Gelveri 葡萄園。背景可見 Hasan Dag 火山。

酒體飽滿的橘酒

Gelveri, *Mayoglu Terebinth*

土耳其 Cappadocia

Keten gomlek

樟樹｜核桃｜乾燥萬壽菊

Udo Hirsch 是 Gelveri 的莊主，受到自己在喬治亞工作時結識的陶甕製造商的啟發，於 2010 年開始在土耳其海拔 3,200 公尺的 Hasan Dag 火山附近釀造自然酒。他使用種植於海拔 1,500 公尺火山凝灰岩上傳統私人果園中的葡萄來釀酒，所有的葡萄樹都無嫁接，其中一些老藤甚至已有超過 200 年的歷史，每棵葡萄樹每年都僅用一些山羊糞便施肥，無經其他處理。

Mayoglu Terebinth 是一款優美具原創性的葡萄酒，是前屋主暨酒窖擁有者的家族配方，在 Udo 接手時傳授給他的。這款橘色奇蹟是由經過浸皮的 keten gomlek（土耳其原生葡萄品種）中加入了他家附近生長的篤耨香木的果實。「篤耨香木屬於阿月渾子樹（果實為開心果）家族的一員。」Udo 解釋道：「它的果實、葉子、花和樹脂有各種不同的用途，在古代，它們被運往埃及用於生產香水和製作木乃伊！」

釀造時，先將葡萄汁、皮、籽和梗放入位於地面上的 küps（土耳其大陶罐，類似喬治亞的 kvevri）中發酵。

發酵完成後，將 küps 封口至少六個月，當葡萄酒釀好後，才加入篤耨香木的果實。「我讓果實在葡萄酒中浸泡了整整兩年。」Udo 如此說。成果是一款令人著迷且無比獨特的葡萄酒。我希望 Udo 每年都能繼續釀造這款特別的酒。

＊無添加二氧化硫

Pheasant's Tears, *Mtsvane*

喬治亞卡黑地（Kakheti）

Mtsvane

洋甘菊｜柚子｜杏仁

喬治亞有句諺語：「只有無與倫比的美酒，才能讓雉雞喜極而泣。」而這款名為雉雞的眼淚（Pheasant's Tears）的酒款無疑絕佳的詮釋了這句話。他們用當地原生葡萄品種（喬治亞擁有數百種）釀造出一系列令人愉悅的傳統喬治亞葡萄酒，採用古老的做法，將皮、籽、梗和葡萄汁在埋在地下的 qvevri（或 kvevri）大陶罐中保存 6 個月。這款 mtsvane 花香濃郁，單寧細膩，可說是喬治亞葡萄酒的絕佳典範。

＊添加少量二氧化硫

Čotar, *Vitoska*

斯洛維尼亞 Kras

Vitoska

甜榅桲｜甘草｜香茅茶

　　Branko 與 Vasja Čotar 父子檔在位於義大利的的港（Trieste）以北、離海僅 5 公里處釀酒。他們的酒款高雅、風格鮮明簡潔。這款 Vitoska 酒中雖然完全無殘糖，嘗來卻帶有輕微的甜香感。瓶中有些沉澱物，因此我會在開瓶前搖一搖，藉此品嘗到最完整的口感與風味。

＊添加少量二氧化硫

Cantina Giardino, *Gaia*

義大利坎帕尼亞（Campania）

菲亞諾（Fiano）

煙燻乾草｜柑橘｜百香果

　　浸皮僅四天的 Gaia 介於橘／白酒之間。因為浸皮時間這麼短，幾乎無法萃取大量的風味。不過，這段短暫的時間也改變了葡萄酒的質地（單寧）和香氣。Gaia 源於生長在坎帕尼亞高山 Irpinia 火山土壤上的菲亞諾老藤。Giardino 的葡萄酒通常都充滿活力和新鮮度。

＊無添加二氧化硫

上圖：
Pheasant's Tears 酒莊（對頁）的大型陶罐 Qvevris（或稱 kvevris），罐內塗了蜂蠟，準備埋入地下。這些在喬治亞各地可見的大型陶罐，是用於葡萄酒的發酵和熟成。

Serragghia, *Zibibbo*

義大利潘特勒里亞島（Pantelleria）

澤比波（Zibibbo）

依蘭｜百香果｜海鹽

　　Gabrio Bini 在這座靠近非洲大陸的火山島上，釀造了獨樹一格、忠於自我的佳釀。他以馬犁地，並將澤比波（即亞歷山大蜜思嘉）放在古老陶罐中，埋進戶外地底下發酵。除此之外，Gabrio 種植並醃製的酸豆（caper）更是我所嘗過最美味的。這款色澤清亮的橘酒在杯中有如異國香氣大爆發，並混合有強烈的海風氣息。

＊無添加二氧化硫

Testalonga, *El Bandito*

南非斯瓦特蘭

白梢楠

新鮮稻草｜杏桃｜乾燥蘋果皮

　　這款酒是由極具魄力的南非釀酒師 Craig Hawkins 所釀造。他是斯瓦特蘭 Lammershoek 酒莊的釀酒師，但 Testalonga 則是他自己的釀酒計畫。這款具強烈風格的 El Bandito 釀自以旱作農耕的白梢楠，葡萄汁與葡萄皮一同在橡木桶中浸皮發酵長達兩年，釀成的酒嘗來果香豐美，可口而易飲。酒款帶有溫暖的辛香料氣味，既具吸引力，且帶有清新的酸度，無疑是款令人想一喝再喝的順口美酒。

＊無添加二氧化硫

Radikon, *Ribolla Gialla*

義大利弗里尤利（Friuli）Oslavje

Ribolla gialla

柑橘果醬｜八角｜杏仁

　　Radikon 的 Ribolla Gialla 應該是市面上最有趣的橘酒之一。品嘗這款酒宛如進行一趟風味之旅。從最初倒入杯中，與一個小時之後的風味相比，截然不同。原因在於這款酒經過長達數週的浸皮，並在大型橡木桶中經過三年以上的漫長陳年期，創造出一款複雜且具深度的酒，大膽中帶著冷冽，並展現出堅毅的個性。

＊無添加二氧化硫

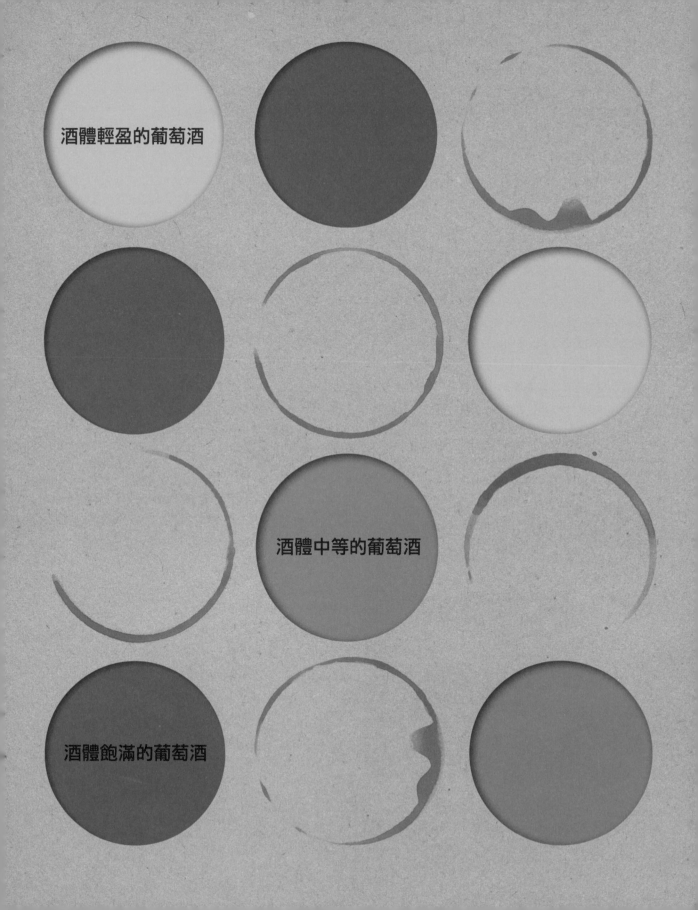

酒體輕盈的葡萄酒

酒體中等的葡萄酒

酒體飽滿的葡萄酒

粉紅酒有許多不同的外文名稱，像是 rosé、blush、vin gris（意思是灰色的酒）等，後兩者尤指色澤非常淡的酒款。粉紅酒是以黑葡萄品種（有的紅汁品種連果肉都是紅色）經過浸皮過程所釀成，呈現出不同深淺色調，從粉紅（或淡紫）、洋蔥皮、鮭魚粉色到銅粉、亮粉紅，甚至如吊鐘花的深粉色都有可能。有些顏色最深的粉紅酒，看起來甚至與紅酒沒兩樣。

造成顏色深淺不同有許多原因，從浸皮時間長短到葡萄品種的紅色素強烈度等都有可能。品種也會影響葡萄酒的顏色以及口感架構，例如，若想從黑皮諾（pinot noir）這樣的薄皮品種萃取出色深、飽滿的粉紅酒，絕對比使用皮厚、花青素多的卡本內蘇維濃來得困難。同樣的，試圖以阿里崗特布謝（alicante bouschet）與薩佩拉維（saperavi）等具有深黑果皮與紅色果肉紅汁品種（teinturier）釀出淡色的粉紅酒也有困難度。

粉紅酒

不過，除了品種本身，其實粉紅酒的顏色和架構與釀酒方式關係密切。釀造粉紅酒方法很多，包括：

- 混調紅酒與白酒：絕大多數的粉紅香檳都以此法釀成（但根據法國 AOC 法規，只有香檳地區可依此法釀造粉紅酒）；
- 以黑葡萄品種短暫浸皮釀成；
- 以「放血法」（Saignee Method）釀成：紅酒剛開始發酵時，先釋放出一小部分的汁液，如此一來不但可得到放血法的粉紅葡萄酒，也可以釀出較為濃郁的紅酒；
- 由非自然派方式釀造的入門酒款，也可能是以添加物或加工法，像是使用活化碳等去除紅酒中的色素以得到粉紅色澤。

以不同方式釀成的粉紅酒，品質自然有別，尤其粉紅酒常常不是釀酒師一剛開始便規畫好的品項。多數釀酒師都把重點放在釀製紅白酒，因此

上圖：
法國隆格多克 Le Pelut 葡萄園的 Pierre Rousse 釀造了一系列無二氧化硫的葡萄酒，其中一款是名為 Fioriture 的黑皮諾粉紅酒。

把最好的葡萄拿來釀造這兩個類別，若有剩餘的葡萄才會拿來製成粉紅酒，也因此粉紅酒常被視為紅酒的副產品，使得許多粉紅酒顯得毫無特色，不像白酒也不像紅酒，讓人搞不清楚該款酒的定位為何。

因此，要釀造出優異粉紅酒最重要的一點是釀酒師的企圖心。因為最出色的粉紅酒通常是出自於一開始就打算釀造粉紅酒的釀酒師手裡。

近年來，隨著粉紅酒大受歡迎，不少以量取勝的品牌開始將貨架排滿了眾多無趣、如糖果般的微甜型粉紅酒，反倒讓一些美酒美食

愛好者一聽到粉紅酒便倒盡胃口，這是相當可惜的事。如果你也屬於這樣的人，希望下面的選酒能幫助你重新對粉紅酒改觀。這些都是非常具有獨特魅力的干型粉紅酒，如果我要選一支帶上荒島的酒，以下酒款中其中一支會是我強烈納入考慮的粉紅佳釀。

上圖:
這是公牛 Cali。牠是 12 頭高地牛中的一員,牠們在隆格多克的
Mamaruta 葡萄園過冬,藉此同時幫助土壤施肥。Mamaruta 的
Un Grain de Folie 在裝瓶時添加了少量二氧化硫,值得找來一嘗。

酒體輕盈的粉紅酒

Mas Nicot
法國隆格多克

格那希、希哈

野草莓｜覆盆子｜些微可可豆

夫妻檔 Frédéric Porro 與 Stéphanie Ponson 所釀的自然酒可說是市面上價格最親民的。這款以格那希和希哈混調的粉紅酒，輕柔卻具架構，紅果香中穿插著些許單寧和辛香調性。酒莊其他的酒款也值得一試：Mas des Agrunelles 與 La Marele。

＊添加少量二氧化硫

Domaine Fond Cyprès, *Premier Jus Rosé*
法國隆格多克

卡利濃（Carignan）、格那希

薑｜大黃｜Pink lady蘋果

2004 年，Laetitia Ourliac 和 Rodolphe Gianesini（Fond Cyprès 莊主）在結識了著名的布根地葡萄酒生產者 Fred Cossard 之後，決定釀造自然酒。「這些年來，我們一直努力尋找葡萄園的特色：了解每塊地，嘗試不同的釀酒方法，也多方品嘗其他人所釀的酒，一步一腳印的走到今天。」兩人解釋道。他們愛的結晶是一系列令人驚豔而獨特的葡萄酒。這款卡利濃與格那希的混釀酒款便極具個性，屬於暢飲型酒款。他們的 Le Blanc des Garennes 也值得注意，這是以混種在同一地塊的白格那希、胡珊和維歐尼耶所混釀造而成。

＊無添加二氧化硫

酒體中等的粉紅酒

Franco Terpin, *Quinto Quarto, Pinot Grigio delle Venezie IGT*
義大利弗里尤利

灰皮諾

血橙｜茴香｜野生覆盆子

Franco 以釀造風格濃郁且嚴肅的橘酒出名，但這款灰皮諾粉紅酒充滿辛香氣息且相當易飲。酒款熱情奔放，帶有一些有助於平衡的鹹味和鮮美茴芹籽調性，是款有趣、令人開心的葡萄酒。它充滿活力，具有十足的表現力，充滿果香並令人耳目一新。

＊添加少量二氧化硫

Mas Zenitude, *Roze*
法國隆格多克

格那希、仙梭、卡利濃

紅李｜月桂葉｜香草

這是一款風格出乎意料地嚴肅的粉紅酒，由瑞典律師兼釀酒師 Erik Gabrielson 所釀。相較於上一款 Franco 調性活潑的粉紅酒，Roze 顯得相對穩重，口感圓潤濃郁，並帶有辛香料風味。酒質綿密，具有乾燥香料與焦糖般的甜香草調性，令人聯想起干邑。

＊無添加二氧化硫

Gut Oggau, *Winifred*
奧地利布根蘭

藍弗朗克（Blaufränkisch）、zweigelt

藍莓｜紅櫻桃｜肉桂

Stephanie 和 Eduard Tscheppe-Eselbock 在奧地利東部的布根蘭釀造了一系列開創性十足的酒款。這款嚴肅的粉紅酒嘗來鹹鮮而內斂，是款成年人的粉紅酒。帶著紅、紫色漿果、深色辛香料與怡人的濃郁口感（多虧了酒中

的些許單寧）。這是支風格略為清爽冷冽的粉紅酒，適合與多種食物搭配。

＊添加少量二氧化硫

Domaine Ligas, *Pata Trava Gris*
希臘 Pella
黑喜諾（Xinomavro）
血橙｜松木｜林地草莓

　　Ligas 家族無疑是希臘最重要的（商業）自然酒農兼生產者。Ligas 葡萄園位於希臘北部的馬其頓（即亞歷山大大帝的故鄉），致力於樸門農藝以及復興希臘本土古老葡萄品種，甚至專門以這些葡萄品種釀製了一系列酒款，其中某些產量極少，頂多一桶的量。這款黑喜諾葡萄酒略帶泥土氣息，酒體飽滿，如果閉上眼睛品飲，幾乎會聽到蟬鳴聲；是一款真正具有地中海風味的葡萄酒。

＊添加少量二氧化硫

Julien Peyras, *Rose Bohème*
法國隆格多克
格那希、慕維得爾（Mourvèdre）
西瓜｜橙花｜覆盆子

　　有 Fontedicto 的 Bernard Bellahsen（參見〈Bernard Bellahsen 談馬〉，頁 106-107）做為導師，基本上很難會出錯。Julien Peyras 有幸能在自然酒重要人物的旗下學習，而其酒款十分優異，充滿活力且令人難以忘懷。這款酒使用來自 70 年格那希老藤（生長在玄武岩上）和 10 年以上的慕維得爾（生長於黏土）釀製而成，採用「放血法」（rosé de saignée），意味著部分葡萄汁在短時間浸皮（這款酒為 24 小時）後被排出，成果是色澤較深、風味絕佳的粉紅酒。

＊無添加二氧化硫

右圖：
Anne-Marie Lavaysse 和她的兒子 Pierre 在法國地勢多岩石的密內瓦—聖尚（Saint-Jean de Minervois）釀造無添加二氧化硫的葡萄酒。（請參閱 Anne-Marie Lavaysse 談葡萄園中的藥用植物，頁 52-53）

Borachio, *Flat Out Rosé*
澳洲阿得雷德丘（Adelaide Hills）
園內混釀
血橙｜西瓜｜草本植物

　　Alicia Basa 和 Mark Warner 於 2015 年離開雪梨後，在 Jauma 酒莊為著名的自然酒生產者 James Erskin 做採收，兩人的職涯從此改寫；他們自此落腳於阿得雷德丘。他們從有機葡萄園購買葡萄，生產 2 萬瓶左右的葡萄酒。如今他們正在尋找可以租賃的葡萄園，目標是最終擁有自己的土地。正如 Mark 所說：「我們的最終目標是自己種葡萄，因為只是購買葡萄來釀酒會變得枯燥乏味；但

買葡萄園的門檻很高。」

Flat Out Rosé 混合了不同的葡萄，有紅有白。從卡本內蘇維濃、黑皮諾、梅洛、夏多內、灰皮諾到莎瓦涅都有，釀造出鮮美多汁、口感醇厚，屬於易飲型的葡萄酒。

不過，這種宛如「大雜燴」式的混釀法在 2019 年份宣告終結，因為兩人開始僅用梅洛來釀造。這些梅洛原本是農場馬匹的飼料。馬克說：「我們發現這樣太浪費了，所以決定用梅洛來釀造一些有趣而奇特的葡萄酒；介於淡紅酒和粉紅酒之間。」他可能會再加入一些黑皮諾，但可以肯定的是，「葡萄酒的風格和背景故事將不會有所改變」。

＊無添加二氧化硫

酒體飽滿的粉紅酒

Strohmeier, *Trauben, Liebe und Zeit Rosewein*
奧地利西施泰爾馬克（Weststeiermark）

blauer wildbacher

甘草｜歐洲山桑子｜鮮鹹玫瑰花瓣

Franz Strohmeier 是位作風大膽的天才釀酒師。他住在以釀造 schilcher 粉紅酒聞名的產區（奧地利的一種口感偏酸的粉紅酒，通常會刻意阻止蘋果酸乳酸轉化的發生，在我看來多數都相當無趣），但 Franz 反其道而行。他的粉紅酒呈現銅粉色，散發出無比的甘草香氣，口中呈現野草莓、鹹鮮的玫瑰花瓣與土壤香氛。新鮮爽脆的口感，出乎意料地年輕。

＊無添加二氧化硫

Les Vins du Cabanon, *Canta Mañana*
法國胡西雍

白格那希、黑格那希、卡利濃、慕維得爾、蜜思嘉

玫瑰花瓣｜草莓｜罌粟花

Alain Castex 是自然酒的堅定支持者，也是 Le Casot des Mailloles（參見〈白酒〉，頁 151）的創始人。Alain 賣掉了班努斯上方的葡萄園，只保留位於 Trouillas 的葡萄園，釀造出包括我的「荒島之酒」：Canta Mañana。這款粉紅酒是在遠離海岸的庇里牛斯山麓上種植，由紅白葡萄田野混釀而成，是我所認為最具表現力的粉紅酒之一。

若你認為粉紅酒毫無個性，僅適合暢飲，這款酒應該會讓你改觀。芳香濃郁，帶著豐富葡萄香，圓潤飽滿，無比獨特。

＊無添加二氧化硫

Domaine de L'Anglore, *Tavel Vintage*
法國隆河

格那希、仙梭、卡利濃、克雷耶特（clairette）

橘子｜肉桂｜薑餅

從養蜂人變釀酒師的 Eric Pfifferling，大概是粉紅酒生產者的最佳指標。他所釀的粉紅酒令人興奮，並以具有絕佳陳年潛力而聞名。這款 Tavel Vintage 非但可口，勁道與酒體更足以和同類型酒款相較勁。這款粉紅酒濃郁、長壽，嘗來並帶有些辛辣感，可說是粉紅酒的極致表現。

＊添加少量二氧化硫

對頁：
當 Alain Castex 出售 Le Casot des Mailloles 時，他將生產 Canta Mañana 的葡萄藤保留下來，如今以 Les Vins du Cabanon 為名裝瓶出售。

Tir à Blanc

Canta Mañana

Poudre d'Escampette

VENDANGE
2012

Le Casot des Mailoles

- No sulfites -

Vin de France
de Guilhaume Magnier et Alain Castex

mis en Bouteille à la Propriété - F-66650

13% vol.   Tél. 04 68 88 59 37   75 cl

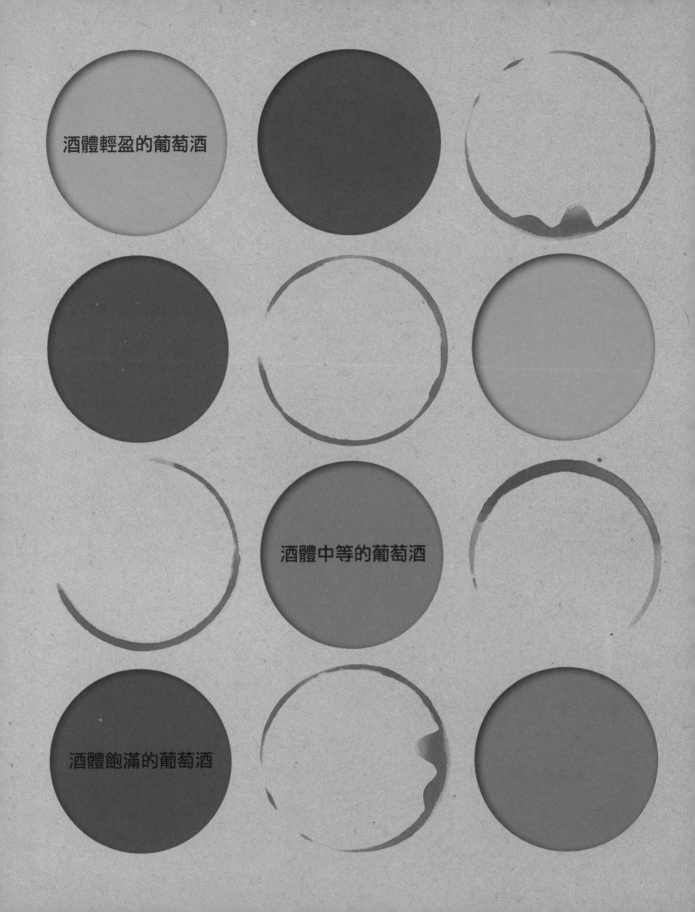

相較於白酒與橘酒，自然派紅酒的香氣輪廓與一般紅酒並沒有太大的差異。因為一般紅酒的釀造方式通常會比其他顏色的葡萄酒來得自然一些（但添加人工酵母依舊常見）。一般紅酒與自然紅酒一樣，都會經浸皮過程（有時甚至連同葡萄籽與梗）以便萃取顏色，酒款也因此能產生單寧與抗氧化劑，得以保護葡萄酒不受氧化侵擾。因此，釀造一般紅酒時，二氧化硫的添加量也通常會少於白酒與橘酒。甚至在歐盟法規中，紅酒中所允許的二氧化硫總量也低於白酒。

紅酒

話雖如此，自然派紅酒所擁有的獨特風味還是相當鮮明。首先，一般很少會發現帶有新橡木香氣的自然酒，更鮮少是刻意使用新桶的。但由於品質優異的老木桶可遇不可求，生產者多半必須買進新桶來自行做調整。因此他們的前幾個年份常會展現較多木桶味，或單寧質地較粗糙。除此原因之外，自然酒生產者多半會避免橡木味，因為他們認為桶味會干擾葡萄純淨的個性與風土特色。在酒農協會 La Renaissance des Appellation 的品質憲章中便不允許使用 200% 新橡木桶（即釀酒過程中使用兩次新桶），而如此大量使用新桶是有些非自然派葡萄酒生產者引以為傲的事。

此外，自然酒農通常會等到葡萄的酚類物質完全成熟後再行採收，不會讓葡萄留在藤上變得更熟而發展出類似果醬般的風味。由於不能人工調整酸度，自然酒農通常會確保他們的葡萄擁有足夠的酸度，使酒中達到良好的均衡風味。

近來也有愈來愈多自然酒農回歸傳統的整串葡萄發酵法（不經去梗過程）。如果葡萄梗已完全成熟，此做法會為酒款帶來更多複雜風味、新鮮度，與近乎紫羅蘭般的花香調性。在本章節中介紹的 Antony Tortul，便是施行此法的生產者之一。他釀造了一系列極其多樣化、品質優異的葡萄酒，且

不使用任何添加物。即使在盛夏，他也不採用溫控設備。正如他所說：「這些葡萄種在法國南部，在此，一年中有三個月的溫度為35℃。葡萄早已習慣這種溫度。因此，即便發酵到了約30℃，我也不擔心。因為我所要的是釀出展現產區風土特色的葡萄酒，而非釀出帶有斧鑿痕跡的酒款。」他那簡單又實在的解釋深得我心。

最後，自然紅酒還有一點無可取代之處：可口的風味與易飲特性。對生產者而言，這才是自然酒的精髓所在。如果拿自然紅酒與一般紅酒做比較，這一點尤其明顯；即便是擁有複雜度與濃郁風味的自然紅酒，不管多麼年輕或多麼成熟，通常都會展現出立即適飲的新鮮感，而這正是自然紅酒吸引人之處。

下左圖：
才華洋溢的 Antony Tortul 與其團隊攝於貝濟耶產區（Beziers）外的酒窖內。

下圖：
自然派紅酒多能展現出產地周邊環境特色，因此葡萄園內的生物圈愈多元，釀出的酒款便愈具複雜風味。在羅亞爾河產區種植葡萄的 Claude Courtois，二十多年前便注意到一處特別與眾不同的地塊，這也成為他釀造 Racines 酒款的來源。

對頁：
這僅是 Antony Tortul 眾多酒款的其中幾款。

法國

法國
酒體輕盈的紅酒

omaine Cousin-Leduc, *Le Cousin, Le Grolle*

羅亞爾河

grolleau gris、grolleau noir

胡椒味｜罌粟｜咖哩葉

現已半退休的 Olivier Cousin 是一位熱衷航海以及傳奇的賽馬選手，也是自然酒界極受推崇的釀酒師。性格狂野不羈的他，不但公開與法國法定產區系統抗爭多年（見〈藝匠酒農〉，頁 100-105），並堅持自然派的種植和釀造方法，因此啟發了許多年輕釀酒師追隨他的腳步。Olivier 是葡萄酒界中大力倡導酒農必須團結一致的人，也是個極致的生活家。他強調自然農耕法，並偏愛釀製大瓶裝的易飲酒款（正如他 email 的信尾簽名所言：「環保就是節省能源；多喝 1.5 公升的大瓶裝酒，以減少軟木塞的使用！」）。他也熱衷於社群與團體合作，多年來已經累積了不少粉絲，其中甚至有人每年從日本遠道而來拜訪他或主動提供協助。

這款紅酒香氣奔放，風格討喜，單寧柔順，易飲而圓潤，屬於極具春天氛圍的葡萄酒，建議開瓶後一天內飲畢。

＊無添加二氧化硫

Guy Breton, *Chiroubles*

薄酒來

加美

紫羅蘭｜藍莓｜新鮮土壤

Guy Breton，人稱 Petit Max，是薄酒來地區自然酒運動的關鍵人物。他曾與 Jules Chauvet（見〈何人：自然酒運動的緣起〉，頁 116-117）和 Jacques Néauport（見〈何人：布根地超能力釀酒師〉，頁 118-119）共事，是四人幫的一員，啟發了許多或遠或近的自然酒農。酒款鮮美多汁且輪廓分明，風格空靈飄逸，口感濃郁持久。另一款使用老藤釀製的摩恭（Morgon）也值得推薦。

＊添加少量二氧化硫

Patrick Corbineau, *Beaulieu*

羅亞爾河希濃（Chinon）

卡本內弗朗

黑醋栗｜白胡椒｜豆蔻皮

Patrick Corbineau 釀造的葡萄酒雖然口感溫和，但在複雜性和陳年實力上不容小覷。這款希濃酒口感緊緻美味，經桶陳兩年，是一款迷人的葡萄酒。Patrick 的葡萄酒產量很少，可遇不可求，一旦買到，絕對值回票價。酒款展現出相當年輕的風味。

＊無添加二氧化硫

Pierre Frick, *Pinot Noir, Rot-Murlé*

阿爾薩斯

黑皮諾

橘皮｜紫羅蘭｜小茴香

Jean-Pierre Frick 與妻子 Chantal 和兒子 Thomas 一同管理家族酒莊與園中十多塊主要以白堊土壤為主的地塊。他是阿爾薩斯的生物動力法先驅，酒莊早在 1970 年便已開始施行有機耕作，並於 1981 年全面改行生物動力法。這款酒來自百歲的黑皮諾老藤，種植於以石灰岩為主的葡萄園，土壤中富含鐵質（因而以 Rot-Murlé「紅牆」為名）。酒色偏淺，但香氣芬芳，口感細緻且餘韻綿長。

＊無添加二氧化硫

左圖：
Julien Sunier 的薄酒來是另一款酒體中等的自然派紅酒。

法國
酒體中等的紅酒

François Dhumes, *Minette*
歐維聶
加美
豌豆花｜石質礦物｜桑椹

　　受到家鄉歐維聶那些採用低人工干預釀酒法生產者，像是 Vincent Tricot（參見〈白酒〉，頁 150）、Patrick Bouju 和 Stephane Majeune 等人的啟發，François Dhumes 決定將從布根地釀酒學校學到的工業化釀酒法，以及在隆河產區釀造非自然派葡萄酒的五年工作經驗拋諸腦後。他的 3 公頃葡萄園以玄武岩／紅黏土／石灰岩土壤為主，種植了 Gamay d'Auvergne（歐維聶加美）和夏多內。這款 Minette 具有緊實而細緻的結構，帶有礦物氣息，香氣濃郁，略帶揮發酸氣味，但整體相當融合。

* 無添加二氧化硫

Christian Ducroux, *Exspectatia*
薄酒來
加美
山桑子｜抹茶｜苜蓿花

　　Christian Ducroux 是一位講究生活的酒農。其具有粉紅色花崗岩土壤的 5 公頃葡萄園是生物多樣性的典範：每種五行葡萄樹，便輪替種一排果樹。樹籬環繞著葡萄園，野草任其遍地生長。在他的酒標也提到，「為了幫助園中植物生長，我們的馬兒 Hevan 和 Malina 幫助我們以促進土壤微生物增長的方式犁地。」Exspectatia 一開瓶起初是柔軟多汁的風格，當接觸到空氣時，會逐漸展現出複雜的泥土氣息和香料味，讓人聯想起森林地。這是一款非常出色的葡萄酒，若你對加美葡萄的陳年實力存疑，或懷疑自然酒是否真能將細緻、複雜和純淨三個特色合而為一，那麼這款酒便是你的必嘗之選。

註：薄酒來是自然酒運動的主要發源地之一（見〈何人：自然酒運動的緣起〉，頁 116），也是孕育偉大的自然酒農的溫床。當你探索自然酒時，其他值得特別留意的酒農還包括 Marcel Lapierre、Yvon Metras、Jean Foillard、Guy Breton、Jean-Paul Thévenet 和 Joseph Chamonard，他們是自然酒的資深元老，但也有許多新成員像是 Hervé Ravera、Julie Balagny、Philippe Jambon、Karim Vionnet 和 Jean-Claude Lapalu 等。

* 無添加二氧化硫

La Maison Romane, *Vosne-Romanée Aux Réas*
布根地
黑皮諾
巴薩米克醋｜多香果｜桑椹

　　Oronce de Beler 在他於布根地租來的葡萄園中釀造了至少 10 種不同的酒款。他的葡萄酒前衛、極具個性、香氣豐富（略帶揮發酸氣息）。Oronce 以馬犁地，他和馬兒 Prosper 也為其他酒農提供耕地服務。他還創辦了 Equivinum，專門銷售犁地設備，是他在布根地幾家酒莊的幫助和專業諮詢下所設計和開發出來的產品。Oronce 的紅酒全部是以整串葡萄釀造。

* 添加少量二氧化硫

Clos Fantine, *Faugères Tradition*
隆格多克
卡利濃、仙梭、希哈、格那希
迷迭香｜黑櫻桃｜甘草

　　這座位於法國南部的農場占地 29 公頃，由 Carole、Corine 和 Olivier Andrieu 三位手足擁有和經營（參見〈Olivier Andrieu 談野生菜〉，頁 88-89），使用在氣候炎熱的產區常見的灌木式整枝法種植葡萄。葡萄藤如蜘蛛般成簇生長，而非一條條綁在鐵線或柱子上。土壤以片岩為主，在他們的另一款以鐵烈葡萄所釀的 Valcabrières 中，明顯展現出強烈礦物味。Faugères Tradition 是以卡利濃為主的混釀酒，色深、鮮美多汁，帶有辛辣、鮮鹹味和地中海灌木氣息，是款能讓人聯想起南方午後陽光的酒款。

* 無添加二氧化硫

Henri Milan, *Cuvée Sans Soufre*

普羅旺斯

格那希、希哈、仙梭

香料櫻桃｜紫羅蘭｜西洋李

　　酒莊位於 St Rémy de Provence 附近（因梵谷在那裡住了一年的療養院而聞名的小鎮），於 1986 年由 Henri Milan 接管。Henri 自從 8 歲種下第一株葡萄樹後，就夢想長大後成為釀酒師。他第一次嘗試釀製無添加二氧化硫的酒款時，在財務上損失慘重（參見〈結論：對生命的頌讚〉，頁 92-95）。如今，其風格易飲、無添加二氧化硫的 Butterfly（蝴蝶系列）酒款非常受到歡迎，是英國市場的熱銷產品。是款口感純淨而香氣豐富的佳釀。

＊無添加二氧化硫

Les Cailloux du Paradis, *Racines*

羅亞爾河 Sologne

園內混釀十多種葡萄品種

森林土壤｜紅醋栗｜胡椒

　　Claude Courtois 是另一位自然酒運動的英雄人物（見〈何人：自然酒運動的緣起〉，頁 114；〈藝匠酒農〉，頁 100-105），他的酒莊位於羅亞爾河 Sologne 區，是巴黎人的打獵聖地，也是此區少數幾位依舊存留下來的酒農之一。

　　莊園裡有果樹、樹林、葡萄園與田野，不但可說是多元農耕的典範，更以尊重生命的態度對待園內各樣動植物。Courtois 一家以種植此區原生葡萄為主，而在家族成員於 19 世紀的文獻中找到相關資料後，甚至還種起了希哈。資料中詳述了一名酒農所釀的 100% 希哈，如何被視為全羅亞爾河產區最優異的紅酒。Courtois 在得到當地相關單位許可後種下了希哈，卻又因同一單位的反悔而遭到起訴，之後被迫將希哈連根拔起。Courtois 的 Racines 紅酒（見頁 180）是以園內多種葡萄品種混釀而成，嘗來複雜具土壤香氣，經過幾年後會展現出更多芬芳的花香氣息。

＊添加少量二氧化硫

La Grapperie, *Enchanteresse*

羅亞爾河 Coteaux du Loir

pineau d'aunis

紅胡椒籽｜水田芥｜黑醋栗

　　Renaud Guettier 在幾乎毫無釀酒經驗下，於 2004 年創立了 La Grapperie。無論是在酒窖或在葡萄園，他都保持著一絲不苟的工作態度。La Grapperie 僅有占地 4 公頃的葡萄園，卻劃分成超過 15 個不同的地塊，各自擁有獨特的微型氣候。Renaud 在釀造時不添加任何二氧化硫，僅仰賴時間來穩定酒款。La Grapperie 的慣例是長時間培養葡萄酒，桶中陳年期有時可長達 60 個月之久。這款 Enchanteresse 精準、高雅、直接，足以證明 Renaud 是當今羅亞爾河產區中最具潛力的釀酒師之一。

＊無添加二氧化硫

法國
酒體飽滿的紅酒

Domaine Fontedicto, *Promise*
隆格多克
卡利濃、格那希、希哈
黑橄欖｜迷迭香｜多汁紅櫻桃

Bernard Bellahsen（見頁 106-107）的故事相當勵志，也是位自學成才、無可爭議的動物農耕大師。他以製造新鮮葡萄汁起家，之後才轉攻葡萄酒釀造。如今他與妻子 Cécile 一同種植古老小麥品種（長成後約 2 公尺），並用以烘焙成麵包，於當地農夫市場上販售。

Bernard 的 Promise 酒款風味濃郁飽滿，輕易推翻了不添加二氧化硫便無法陳年的謬論。這是款酒窖中不可或缺的佳釀。

＊無添加二氧化硫

Jean-Michel Stephan, *Côte Rôtie*
隆河谷
希哈、維歐尼耶
紫羅蘭糖（Parma violet）｜血橙｜杜松子

論到羅弟丘（Côte Rôtie）的指標性酒款，Jean-Michel Stephan 的葡萄酒絕對是上乘之作。他僅釀造羅弟丘酒款，因此全系列都值得品嘗。師承 Jules Chauvet（參見〈何人：自然酒運動的源起〉，頁 116-117），Jean-Michel 從一開始（1991 年）在釀酒上便是個純粹主義者：在他地勢陡峭的坡地有機葡萄園，所有工作都僅用人力，在釀酒時也以低人工干預的方式處理。希哈老藤是主要品種，但其中多數其實是 sérine，這是希哈的當地變種，果實小，產量低，如今在 Jean-Michel 及幾名酒農的推廣下，重新被世人所知。

雖然此推薦酒款並非酒莊最著名的 sérine，卻是一款經典的羅弟丘混釀酒。極具表現力、香氣馥郁、純淨空靈，總之是一款超棒的羅弟丘葡萄酒。

＊無添加二氧化硫

ChâteauLe Puy, *Emilien*
波爾多－弗朗丘
梅洛、卡本內蘇維濃
濃郁李子香｜雪松｜可可豆

Chateau Le Puy 所在的弗朗丘（Côtes de Francs）位於與聖愛美濃（Saint-Emilion）以及波美侯（Pomerol）相同的多岩高原。當莊主 Jean-Pierre Amoreau 被問及酒莊是如何在過去 400 年間維持有機耕作時，他打趣地回道：「因為我其中一位祖先太吝嗇，另一位祖先又太有遠見，因此我們從未在葡萄園內施灑化學藥劑。」

自從其 2003 年份酒款出現於日本漫畫《神之雫》後，酒莊一夕之間躍升為膜拜酒莊地位，但也當之無愧。Le Puy 以釀造優雅、經典風格波爾多紅酒著稱，即便是最傳統風格的愛好者也會深受吸引。這款酒以 85% 的梅洛釀成，為這款平易近人且具陳年實力的葡萄酒增添了更多的豐富口感和奢華感。

＊添加少量二氧化硫

La Sorga, *En Rouge et Noir*
隆格多克
黑格那希、白格那希
紫羅蘭｜白胡椒｜山桑子

光是看 Antony Tortul 這樣悠哉的氣質與滿頭狂野而濃密的捲髮，你絕對猜不出來他其實是位訓練有素的化學家，更是個天生講究細節的人（見〈藝匠酒農〉，頁 100-105）。

這位年輕的酒商釀酒師發跡於隆格多克，自 2008 年起開始釀酒，至今已擁有超過 40 種不同葡萄品種的種植與釀造經驗，包括當地的傳統葡萄，像是阿拉蒙（aramon）、terret bourret、aubun，以及卡利濃、仙梭、莫札克等。「我向來希望能夠以無人工干預的方式，釀造出多款量少但能表達出純淨風土特性的葡萄酒。」Antony 說。

Antony 的 En Rouge et Noir 是款風格飄逸、香氣十足且可口的紅酒，能帶來絕佳的品飲經驗；這是位值得持續關注的酒農。

＊無添加二氧化硫

義大利

義大利
酒體輕盈的紅酒

Cascina Tavijn, *G Punk*

皮蒙阿斯堤（Asti）

Grignolino

紅醋栗｜櫻桃核｜杜松子

　　Nadia Verrua 家族過去一世紀都在 Monferrato 的沙石坡地上種植和釀造葡萄酒。其占地 5 公頃的葡萄園中種有榛果和原生老藤葡萄品種，包括巴貝拉（barbera）、ruché 和 grignolino。後者也是 G Punk 使用的品種，是一款個性狂野、風格明亮、單寧細緻的葡萄酒，帶有淡淡的鹹味，以及略苦的櫻桃果核味，這也正是這個古老的 Monferrato 葡萄品種所具有的特徵。據說，grignolino 一字實際上源自阿斯堤方言，意思是「多籽」（grignole），這也可能是苦味的來源。這是一款可口易飲的葡萄酒。

＊無添加二氧化硫

義大利
酒體中等的紅酒

Cantine Cristiano Guttarolo, *Primitivo Lamie delle Vigne*

普利亞（Puglia）

普里蜜提弗（Primitivo）

山桑子｜巴薩米克醋｜萊姆

　　普里蜜提弗在美國有個更響亮的名字：金芬黛（zinfandel）。人們常誤認這個品種只能釀酒體飽滿醇厚的葡萄酒；當然可以，卻不僅如此而已。Guttarolo 的風格完全不同，著重的是新鮮度與酸度。這款酒於不鏽鋼桶槽中釀造，充滿花香，風格清新簡潔，成熟與鹹鮮風味兼具。

　　Guttarolo 的酒莊位於靠近義大利鞋跟處的 Gioia del Colle，除了這款酒，還有以傳統陶罐釀成、雖然難尋但相當值得一嘗的絕妙普里蜜提弗。

＊無添加二氧化硫

Lamoresca, *Rosso*

西西里島

黑達沃拉（Nero d'Avola）、弗萊帕托（frappato）、格那希

桑椹｜紫羅蘭｜肉桂

　　Lamoresca 酒莊的名稱來自當地古老的 moresca 橄欖，園內種有一千棵橄欖樹以及 4 公頃的葡萄樹。Filippo Rizzo 是此區葡萄酒生產的先驅，並且取得了豐碩成果。以黑達沃拉（60%）、弗萊帕托（30%）和格那希（10%）混釀的這款酒，充滿鮮美的紅色水果味。

＊添加少量二氧化硫

左圖：
春季的 Montesecondo 葡萄園，展現出覆蓋作物與葡萄樹穿插的景象。

Selve, *Picotendro*
奧斯塔谷（Aosta Valley）

內比歐露（Nebbiolo）

巴薩米克醋｜櫻桃樹皮｜黑莓

這款內比歐露風格傳統而質樸，來自義大利面積最小、人口最少的地區：阿爾卑斯山的奧斯塔谷。該區形成於數千年前的最後一個冰河時期，擁有眾多雄偉的山峰，包括馬特洪峰、白朗峰和羅莎山，也是 Jean Louis Nicco 梯田葡萄園的所在地。他自豪地表示：「我們擁有世界上最好的風土之一！」Jean Louis 的祖父於 1948 年購買了該酒莊，當時他決定生產自然酒並直接出售給村民。酒莊於 2001 年由他的登山家父親 Rinaldo 接管，現在則由 Jean Louis 接棒。

Picotendro（即當地奧斯塔語的「nebbiolo」）是一款風格強勁的葡萄酒，具有高單寧和飽滿濃郁的酒體，展現出長時間在老橡木桶中的明顯特色。經過冗長的陳年期，這款酒有著柔中帶剛的窖藏實力（我同時品嘗了各種較老的年份葡萄酒）。

＊無添加二氧化硫

Cascina degli Ulivi, *Nibiô*, *Terre Bianche*
皮蒙

多切托（Dolcetto）

歐洲酸櫻桃｜黑橄欖｜野味

已故的 Stefano Bellotti 所創立的 Cascina degli Ulivi 酒莊可說是永續農耕的最佳範本。擁有 22 公頃葡萄園、10 公頃的可耕地（以小麥與飼料輪耕）、1 公頃的菜園，以及 1,000 棵果樹、一群牛與其他多種農場動物。Stefano 自 1970 年代起便施行有機農耕，1984 年後更全面改行生物動力法。以具有紅色葡萄梗的多切托（當地方言稱為 nibiô）釀成的紅酒，是 Tassarolo 與哥維（Gavi）產區的古老傳統，該葡萄在這些地區已有超過千年歷史。這款紅酒具有成熟的香氣，帶著些許野味與複雜的揮發酸，單寧已經完全與酒中風味圓融交織為一體。

＊無添加二氧化硫

Panevino, *Pikadé*
薩丁尼亞

莫尼卡（Monica）、卡利濃

桑椹｜酸豆｜薄荷

Gianfranco Manca 繼承了一間麵包店與一座種有 30 個不同古老品種的葡萄園，也成為酒莊 Panevino（義大利文直譯為「麵包酒」）名稱的緣由。多虧了他對麵包烘焙及其發酵過程的了解，釀起葡萄酒也顯得駕輕就熟。這款酒口感濃郁而味道鹹鮮，最初香氣相當封閉，一旦綻放，便會展現出從黑櫻桃轉變為花香與紅果香的易飲風格。

＊無添加二氧化硫

Montesecondo, *TÏN*
托斯卡尼

山吉歐維榭（Sangiovese）

黑櫻桃｜可可｜鳶尾草

薩克斯風演奏家 Silvio Messana 在紐約生活了數年，在父親過世後，回到家鄉托斯卡尼接手家族葡萄園。Silvio 的父親生前是一名爵士樂手，後來轉行成為葡萄酒生產者，在 1970 年代開始種植葡萄。Silvio 剛接手時，母親是以大批量方式銷售葡萄，但 Silvio 不懼挑戰，於 2000 年開始銷售他的第一批瓶裝葡萄酒。

如今，Silvio 的釀酒哲學是將酒莊視為一個有機生命體，而釀酒過程則為「一種自然的轉變」，從他的葡萄酒中也能得到證實。Tin 的名稱源於阿拉伯語，意思是「黏土」。這款酒是使用 450 公升的西班牙黏土陶罐製成的，經過 10 個月的浸皮，在未經過濾的情況下裝瓶。充滿花香，風格優雅。

儘管托斯卡尼聽起來似乎離荒野一詞相當遙遠，Montesecondo 酒莊的位置之偏僻，在晚上居然能聽到狼嚎呢！

＊添加少量二氧化硫

義大利
酒體飽滿的紅酒

Cornelissen, *Rosso del Contadino 9*
西西里島

馬司卡雷切－奈萊洛（Nerello mascalese）與其他十多
種當地黑白葡萄品種

野生草莓 | 風信子 | 石榴

Frank Cornelissen 原本是一名比利時酒商，為了尋求
完美風土，最終在活火山埃特納的山坡上建立了葡萄園。
他認為人是無法完全理解大自然的複雜性與相互性的，
而埃特納也完全反應出此農耕哲學。在葡萄園中，他完
全避免人工干預，而是遵照大自然的指示。他也認為：
「不論是化學農藥的噴灑，或是採行有機或生物動力法，
都僅反應出人類無法接受大自然的自有定律。」他所釀
製的這款 Rosso del Contadino 9 風格鮮活有趣又不失嚴
肅，是款需要花點時間理解的葡萄酒。

＊無添加二氧化硫

Il Cancelliere, *Nero Né*
坎佩尼亞（Campania）Taurasi

艾格尼科（Aglianico）

黑醋栗 | 花香 | 鮮活的蔓越莓

若想在氣候溫暖的地中海區域釀酒，選擇位於海拔
550 公尺的葡萄園會為葡萄酒帶來不同風格。地勢高意味
著晝夜溫差大，有助於延長生長季，葡萄酒口感相對清
爽而不帶烘烤水果味。這款酒是在大型橡木桶中陳放兩
年後，再經瓶陳兩年，在這漫長的陳年期中，艾格尼科
宏大緊實的架構得以被馴服。如此的釀酒方式是 Soccorso
Romano 從父親那裡學到的，也是他所尊崇的「平民智
慧」。

＊添加少量二氧化硫

Case Corini, *Centin*
皮蒙

內比歐露

玫瑰花瓣 | 野生百里香 | 莫雷氏櫻桃

多年前當我第一次品嘗 Centin 這款酒時，它的高雅
風格令我驚豔。對我來說，這正是內比歐露的完美體現。
這是一款集優雅、魅力、慷慨和溫柔於一身的葡萄酒，
正如它的創造者 Lorenzo Corino。

Lorenzo 是位於皮蒙區 Costigliole d'Asti 的家族酒莊
的第五代傳人。他一生致力於農業領域如穀物、葡萄栽
培和釀酒的研究工作，並著重於將理論與實際經驗相結
合。他也是托斯卡尼 La Maliosa 生物動力農場的顧問（參
見〈橘酒〉，頁 167）。他知識淵博，並樂於與人分享。
在他撰寫（或合寫）了超過 90 本有關葡萄栽培技術和科
學的著作後，Lorenzo 終於出版了他的第一本名為
《Vineyards, Wine, Life: My Natural Thoughts》的回憶錄
（於 2016 年春季出版）；這是一本結集了他多年經驗的
知識寶典。

＊無添加二氧化硫

Podere Pradarolo, *Velius Asciutto*
艾米利亞－羅馬涅

巴貝拉

櫻桃白蘭地 | 丁香 | 巴薩米克醋

Podere Pradarolo 在艾米利亞－羅馬涅大區的帕爾馬
山丘（Parma Hills）生產品質優異的好酒。酒莊所有的
酒款，不分顏色，在發酵過程均無經溫度控制，並且長
時間浸皮 30 天至 9 個多月。這款巴貝拉葡萄酒經過 90
天的浸皮，在大型橡木桶中陳年 15 個月後裝瓶。是一款
風味鮮鹹、柔順可口的葡萄酒。

＊無添加二氧化硫

歐洲其他產區
酒體輕盈的紅酒

Magula, *Carboniq*
斯洛伐克 Malokarpatská

藍葡萄牙（Blauer Portugieser）

鮮李汁｜藍莓｜甜椒

　　斯洛伐克擁有多種原生葡萄品種和大量的微型風土，該國的自然酒之旅才剛起步，令人期待。不少新興的生產者也開始嶄露頭角，Vladimir Magula 便是其中一位。Vlad 說：「要讓我的家人接受有機葡萄栽培很容易，我們自 2012 年便這麼做了。但要說服他們採用自然派方式釀酒則相對困難。」在世代衝突中，Vlad 必須為自己而戰，試圖讓父母了解自然派的做法才是未來。「這相當具挑戰性，因為他們有極深的恐懼感，因此我仍未完全走向無添加二氧化硫之路；不過我所做的多種實驗令我對此增添不少信心。」他也說：「減少人工干預意味著你必須放棄控制。你必須對釀酒過程的內在本質有信心，而且了解最終的葡萄酒會呈現不同風貌。像母親仍不喜歡外觀渾濁的葡萄酒，但我父親如今卻成了橘酒的超級粉絲。他們現在完全認同這一理念，但實際操作起來是需要時間的。」

　　Vlad 受到斯洛伐克釀酒師 Strekov 1075 酒莊的 Sütó Zsolt Sütó 的啟發（參見〈白酒〉，頁 154），在 2015 年停止了澄清和過濾，並逐步降低二氧化硫的使用量。其 Carboniq 酒款靈感來自薄酒來產區。整串葡萄經過兩週的二氧化碳浸皮法，Vlad 說這種方式非常適合風格多樣、低單寧的藍葡萄牙品種，裝瓶時加入 10 毫克／公升的二氧化硫，成果是一款非常易飲討喜，具有鮮脆果味的葡萄酒。

＊添加少量二氧化硫

Bodega Cauzón, *Cabrónicus*
西班牙格拉納達（Granada）

田帕尼優（Tempranillo）

藍莓｜石榴｜甘草

　　這款田帕尼優採用二氧化碳浸皮法製成。酒莊的葡萄園位於海拔 1,080-1,200 公尺的位置，此地的溫差加上緩慢的成熟期對葡萄的顏色鮮豔度、酸度、酒精度和單寧有著顯著影響。酒莊莊主是 Ramón Saavedra，過去是布拉瓦海岸（Costa Brava）米其林星級餐廳 Big Rock 的廚師。在放棄廚房，回鄉學習種植葡萄和釀酒後，如今 Bodega Cauzón 已成為格拉納達週邊山區一群自然酒農中的一員。Cabronicus 是其特釀酒款中最輕盈而果香奔放的一款。

＊無添加二氧化硫

Weingut Karl Schnabel, *Blaufränkisch*
奧地利南施泰爾馬克

藍弗朗克

樹莓｜花香｜新鮮蔓越莓

　　Karl Schnabel 認為：「我們只是這片土地上的過客，因此必須為下一代的土地永續發展負責。」正因如此，Karl 與 Eva Schnabel 夫妻清楚呵護這塊土地是責任而非權利。對他們來說，這也表示地主必須透過自己的土地做出對大眾有利的事，如種出能夠滋養人心的食物，或為促進地球的健康而貢獻心力。這一對個性內斂而害羞的釀酒夫妻，為了個人信念，默默地為釀出絕佳葡萄酒而努力。他們會在園中搭起石頭堆以製造出水窪，藉此鼓勵爬蟲類動物進駐園中（包括滑蛇等無毒蛇類）。這款純淨、帶有礦物味的藍弗朗克，嘗來新鮮有活力，可以說是他們信念的明證。

＊無添加二氧化硫

上圖：
看看那葡萄樹！Mythopia 的花園中此時正生意盎然。

Terroir al Limit, *Les Manyetes*
西班牙普里奧拉（Priorat）
格那希
成熟桑椹｜板岩味｜甘草

    Dominik Huber 釀造了多款西班牙最為優異的葡萄酒。他從不會說西班牙語也不懂釀酒技術起步，但這十多年間的成就令人刮目相看。他使用驢子耕地，並比普里奧拉地區的大多數酒農更早採收。他的酒款是以特定葡萄園地塊做區分，並在大型橡木桶中採用葡萄整串發酵，因為他所要達成的目的在於浸皮而非萃取。成果是釀造出此區罕見的細緻口感與鋼鐵般的礦物氣息。

    這款格那希來自 50 歲老藤，葡萄園位於海拔 800 公尺的黏土地塊。酒款純淨、緊緻，黑色果香豐富，單寧柔順，質地清晰精準。一如 Dominik Huber 的所有酒款，這款紅酒出乎意料地細緻，很難想像是來自半乾旱的氣候、頂著西班牙的豔陽釀成，而他的每個新年份風格更是益發精準。這款酒很可能會是你所能嘗到最優雅的普里奧拉紅酒！

* 添加少量二氧化硫

Mythopia, *Primogenitur*
瑞士瓦萊州
黑皮諾
覆盆子｜紫羅蘭｜爽脆紅醋栗

    從 Mythopia 宛如仙境般的葡萄園陡坡望去（見〈具生命力的庭園〉，頁 30-31），不僅得以欣賞阿爾卑斯山最高峰的美景，此處更是野花遍地，種滿果樹、莢果植物與穀類，園中更有罕見的鳥禽、綠色蜥蜴與超過 60 種蝴蝶。採用阿茲提克人曾使用的古老農法，Mythopia 如今已成為一個擁有上千種豐富生物的生態系統環境。莊主 Hans-Peter Schmidt 形容 Primogenitur 是款「風格奔放、果香四溢、充滿活力」的紅酒，「正如一個在大自然中成長的孩子，熱情而純真。這是一款能夠幫助你回憶美好時光的酒。」真是說得太貼切了！

* 無添加二氧化硫

Costador Terroirs Mediterranis, *La Metamorphika Sumoll Amphorae*
西班牙佩內得斯
蘇莫爾
櫻桃白蘭地｜西洋李｜迷迭香

    Joan Franquet 的葡萄園位於庇里牛斯山麓，其中一些葡萄樹攀爬至海拔 900 公尺處。她在園中種植了 20 種葡萄（都來自老藤，其中一些擁有百年樹齡），包括許多加泰隆尼亞地區的原生品種，像是深色蘇莫爾、德雷帕（trepat）、馬卡貝甌（macabeu）、沙雷洛（xarel.lo）、白蘇莫爾和帕雷亞達（parellada）。這款優異的蘇莫爾佳釀在西班牙 tinaja 陶罐中度過了九個月的陳年期。

* 無添加二氧化硫

歐洲其他產區
酒體飽滿的紅酒

Clot de Les Soleres, *Anfora*

西班牙佩內得斯

卡本內蘇維濃

黑醋栗｜野生薄荷｜百合花

Carles Mora Ferrer 的這座美麗酒莊位於佩內得斯省，由巴塞隆納往內陸去的方向，歷史可追溯至 1880 年。從 2008 年酒莊推出完全無額外添加物的年份起，Carles 的葡萄酒品質越來越優異。這款在陶罐中陳年了 13 個月的卡本內蘇維濃，是款充滿地中海豔陽風格的葡萄酒，在涼爽海風的吹襲下，展現出清澈純淨的香氣。

＊無添加二氧化硫

Nika Bakhia, *Saperavi*

喬治亞卡黑地

薩佩拉維（saperavi）

黑莓｜迷迭香｜黑醋栗

長年旅居德國柏林的喬治亞藝術家 Nika Bakhia，於 2006 年在喬治亞最大酒鄉卡黑地的 Anaga 地區買了一小塊種有薩佩拉維的葡萄園以及一間廢棄酒窖。這塊占地 6 公頃的地種有薩佩拉維、rkatsiteli，與其他用來作釀酒試驗的原生品種，包括 tavkveri、khikhvi 以及 kakhuri mtsvane。對他而言，「釀酒是個創意的過程，正如雕塑或繪畫一般，是基於對材料本質的了解，而不去摒棄或壓制其原始特徵。」

薩佩拉維這個品種不但皮厚，連果肉都是紅色，因此釀出的酒通常色深如墨。我曾用薩佩拉維的葡萄汁染白 T 恤，結果變成了紫丁香色。Nika 的薩佩拉維口感濃郁、飽滿而多單寧，酒款於傳統的 qvevri 陶甕中陳年，並深埋在他的酒窖之下——這種釀酒古法已於 2013 年 12 月獲聯合國認可成為無形文化遺產而受到保護。

＊添加少量二氧化硫

Barranco Oscuro, 1368, *Cerro Las Monjas*

西班牙格拉納達

卡本內蘇維濃、卡本內弗朗、梅洛、格那希

成熟黑莓｜肉桂｜烘烤橡木味

Barranco Oscuro 的葡萄園以其海拔高度（1,368 公尺）命名，是全歐幾處地勢最高的葡萄園之一。位於安達魯西亞（Andalucia）的內華達山（Sierra Nevada）山腳，因地勢關係，氣候涼爽，葡萄即便在西班牙炎熱的陽光下生長，所釀出的葡萄酒仍有絕佳的新鮮度與酸度，同時口感厚實而強健，帶有深色莓果香，展現出典型西班牙酒濃郁而成熟的風格，兼具緊緻的質地。橡木桶味明顯（可能是本章節中桶味最重的一款），卻具有絕佳的層次感與深度，是一款需要與食物搭配的酒。

＊無添加二氧化硫

Purulio, *Tinto*

西班牙格拉納達

大雜燴品種：希哈、卡本內蘇維濃、梅洛、田帕尼優、卡本內弗朗、黑皮諾、小維鐸

迷迭香｜黑橄欖｜桑椹

Torcuato Huertas 一生務農，主要種植橄欖和水果。過去他的葡萄酒僅供自家飲用，但 1980 年代初期，在他的導師（也是親戚，參見上文）Barranco Oscuro 酒莊的 Manuel Valenzuela 幫助下，他的務農生涯開始有所變化。如今，在他約 3 公頃的土地上，種有多達 21 種葡萄品種。Tinto 是七種品種的混釀，但這款酒的重點不在於表現品種特性，而在於展現產區風土。酒中成熟的果味來自炎熱的南部氣候，新鮮的口感則歸功於此地的高海拔。

＊無添加二氧化硫

Dagón Bodegas, *Dagón*

西班牙烏帖爾雷奎納（Utiel Requena）

博巴爾（bobal）

黑李乾｜櫻桃利口酒｜巴薩米克醋

Dagón 的葡萄酒完全反應出莊主 Miguel 發展了數十年的農耕風格。對葡萄園內的工作他向來採最低干預政策，自從 1985 年起便停止對土壤或農地做任何施灑動作（無論是糞肥或波爾多混合劑）。Miguel 深信，葡萄樹必須自行適應周邊環境，並與園內的地中海區域動植物共存。而他的葡萄樹也確實具有良好的適應力，甚至可能是全球最健康的一批葡萄樹（見〈健康：自然酒對你比較好嗎？〉，頁 84-87）。

這款完全不甜的紅酒正如他的創造者 Miguel 一般，毫不輕易妥協。博巴爾葡萄在浸皮數個月後壓榨，並於橡木桶中陳年 10 年才裝瓶。即便可口美味，但這可不是一次能喝光一瓶的紅酒，而是需要時間細細品味。

＊無添加二氧化硫

Els Jelipins, *Font Rubi*

西班牙佩內得斯

蘇莫爾、格那希

黑櫻桃｜塞維爾酸橙｜乾燥香料

Glòria Garriga 在 2003 年創立了 Els Jelipins 酒莊。回想過去，她說：「我的故事其實很簡單。我喜歡品酒，所以決定進入葡萄酒業。之後便只想釀造屬於自己的酒。一部分原因在於過去我所品嘗的許多酒都過於濃郁、強勁，令人喝得疲累，甚至無法以這些酒款佐餐。所以我心想，如果能夠釀出我自己會想喝的酒，那該有多好。這就是我熱愛蘇莫爾葡萄品種的原因之一。那時幾乎所有酒農都將此品種從園內剷除，因為有關單位將之歸類於『品質較差』的品種，認為無法釀出優異酒款。當時蘇莫爾甚至不能標上佩內得斯法定產區（DOPenedès）名稱。但我就是對此品種所釀出的酒愛不釋手，加上此區遺留下來的蘇莫爾絕大多數都是超過百年的老藤，是老一代的酒農保留下來要釀成自己喝的酒。這一點在文化與社會的層面上更是個相當迷人的概念，我希望藉此將這個傳統保留下來。」

多虧了 Glòria 以及她所釀造的酒款，蘇莫爾的名聲近幾年來再度獲得佩內得斯法定產區的重視，重新開始宣揚這品種的優異之處，因此種植蘇莫爾的酒農也逐漸增加。酒莊的 Font Rubi 酒款，每瓶都手繪了獨一無二的小紅心，口感豐富飽滿，充滿礦物味，風格平衡，些微的揮發酸為酒款帶來更多的複雜度。

＊添加少量二氧化硫

下圖：
英文「發酵」（ferment）一字源自拉丁語的「煮沸」（fervere）。發酵確實是個嘈雜而又活力十足的過程，看起來還真像葡萄汁在沸騰一樣。

新世界

新世界
酒體中等的紅酒

Vincent Wallard, *Quatro Manos*
阿根廷門多薩（Mendoza）

馬爾貝克（Malbec）

藍莓｜紫羅蘭｜紫羅勒

　　這款酒是由自然酒農與羅亞爾河 Domaine Montrieux 酒莊莊主 Emile Hérédia 和來自倫敦的前法國餐廳老闆 Vincent Wallard 的合作成果，名稱源自兩位創辦者的四隻手。雖然計畫初期要克服的棘手問題不少，像是要找酒瓶與軟木塞的供應商等，成果卻相當令人驚喜。這款馬爾貝克與阿根廷常見的制式風格迥異，後者多半使用過熟的葡萄、缺乏果味、桶味過重。Quatro Manos 採用部分整串葡萄、部分去梗來進行發酵（此為「三明治釀酒法」，因為每個桶槽內穿插著整串與去梗的不同葡萄層）。沒有經過橡木桶陳年，酒款展現出略帶異國情調的花香，並帶著胡椒氣息與柔和的單寧架構，讓這款酒嘗來相當愉悅可口。

＊添加少量二氧化硫

Cacique Maravilla, *Pipeño*
智利比歐比歐（Bio-Bio）

派斯（Pais）

黑桑椹｜羅望子｜煙燻

　　派斯葡萄（即加州的 mission）於 16 世紀中葉由西班牙傳教士帶到智利，長期以來一直被視為是智利的二流葡萄品種，傳統上是用於散裝酒的生產。Louis-Antoine Luyt（過去為 Clos Ouvert 負責人）是一位移居智利的法國生產者，他是第一個認真對待派斯並將此品種推向國際舞台的人。如今許多酒農都已意識到這個多半來自百年老藤葡萄品種的非凡潛力。派斯能釀造出口感濃郁具陳年實力的葡萄酒，同時也能釀成暢飲型、果香

四溢的酒款；Pipeño 便是最佳例證。Cacique Maravilla 酒莊已在 Manuel Moraga Gutierrez 家族中傳承了七代。這座葡萄園位於火山土壤上，是在 1776 年，美國發表獨立宣言的那年創立的。

＊添加少量二氧化硫

Donkey & Goat, *The Recluse Syrah*
美國加州安德森河谷（Anderson Valley）Broken Leg Vineyard

希哈

紫羅蘭｜肉桂｜黑櫻桃

　　Jared 和 Tracey Brandt 在加州柏克萊（Berkeley）一家時尚的城市釀酒廠釀酒。他們是釀酒師，而不是酒農（他們是用買來的葡萄釀酒），於 2004 年創辦了自己的精品酒莊，釀造較偏隆河希哈風格，多胡椒氣息和清新果味的葡萄酒，而非澳洲（Shiraz）較具醬氣息與高酒精度的風格。兩人的釀酒哲學受到著名的法國低人工干預釀酒師 Eric Texier 的影響（其 Brézème, Vieille Serine 酒款產自北隆河為數不多的石灰岩葡萄園，值得注意）。這款酒是以 45% 的整串葡萄發酵，在木桶中陳年了 21 個月，之後進行 13 個月的瓶陳，因為 Jared 和 Tracey 認為這款酒在上市前需要更多時間發展。

注意：他們有些特釀酒款的二氧化硫含量較高。

＊添加少量二氧化硫

Shobbrook Wines, *Mourvèdre Nouveau*
澳洲阿得雷德丘

慕維得爾

多汁櫻桃｜石榴｜佛手柑

　　澳洲人 Tom Shobbrook 就像個興奮的孩子，任何東西都能引起他的興趣：咖啡、音樂甚至醃製肉品（他也在酒窖裡製作）。與 Tom 相處，你會覺得世上沒有不可能的事，只要他想得到，所有瘋狂的想法都能成為實現，而成果都相當正面。正因為 Tom 這樣的個性，他的酒莊就像是座有趣的實驗樂園，他盡情發揮想像力，從中也能看出他對食物與風味的熱愛。Tom 是新一代澳洲風土主義擁護者，他所屬的那股釀酒新浪潮正努力在南半球發揚著他們的信念。這款慕維得爾的特出之處是以新酒概念（Nouveau）釀造，裝瓶時酒中殘留些許天然二氧化

上圖：
我在墨西哥 Baja California 州的 Bichi 酒莊品嘗到一款用 tinaja 水泥罐釀成的酒款。
Bichi（見下文）使用大型水泥罐（在西班牙語中被稱為 tinaja）進行發酵。

碳，因此略帶氣泡感，正好為酒款增添年輕、樂趣與新鮮感。

＊無添加二氧化硫

Bichi, *Santa*
墨西哥下加利福尼亞州（Baja California）
Rosa del Peru

石榴｜血橙｜石頭味

　　Noel Tellez 在下加利福尼亞州的 Tecate 市領導墨西哥的自然酒革命。在此，他以生物動力法種植葡萄，並從附近的老葡萄園購買葡萄，釀造出極具活力、風格精準且易飲的酒款。他的母親是一名自然愛好者，負責進行葡萄園內生物動力相關的工作。

　　Santa 是由種植在高海拔的沙地和花崗岩，未經灌溉、未嫁接，具有百年樹齡的 rosa del Peru（又名 moscatel negro）葡萄所釀成的。不要被它偏淡的酒色所迷惑，其口感可是充滿煙燻石榴的緊緻和美味，是款展現產區風土的佳釀。

＊添加少量二氧化硫

Old World Winery, *Luminous*
美國加州
阿布麗由（abouriou）

桑椹｜Malizia甜櫻桃｜南非國寶茶（Rooibos）

　　Darek Trowbridge 是 Old World Winery 的莊主與釀酒師，但也像極了一位博物館長。多虧他，加州碩果僅存的阿布麗由葡萄樹得以保存下來。「我是為了秉承家族的種植歷史和傳統，以及對這個古老品種的好奇心，而開始這個旅程。」Darek 說，他自從 2008 年起，便開始在他父母位於俄羅斯河谷的 80 年老藤葡萄園中工作。出生於義大利裔的索諾瑪葡萄酒農家族，Darek 是跟祖父 Lino Martinelli 學習「舊世界」的釀酒方式。這款 Luminous 名副其實，帶著明亮的櫻桃香味。如果有機會去酒莊，不妨也嘗嘗他在酒莊自製銷售的仙人掌冰淇淋。

＊無添加二氧化硫

Clos Saron, *Home Vineyard*
美國加州榭拉山麓
黑皮諾

甜石榴｜桑椹｜淺烘焙咖啡

　　Gideon Beinstock 跟著某屬靈團體來到一個蠻荒之地後，最終獨立擁有了自己的農場和以妻子的名字命名的葡萄園 Clos Saron。「Saron 是我的靈感來源，也具有多年的葡萄種植經驗。她對所有生物都具有一種魔力，不論是狗、貓、雞、兔子、蜜蜂，甚至小孩等，屢試不爽。」Gideon 說道。自從 Gideon 注意到他以玻璃封邊的木桶中的酒渣移動似乎與月球週期的特定時間有所關聯時，他便開始依照月曆耕作。

　　這款 2010 年份產量很少（僅 852 瓶），酒款風格讓我想起了 Gideon 本人，一個不是為了說話而說話的人。Home Vineyard 同樣也不是款「滔滔不絕」的酒，你必須主動踏出第一步，但隨後也會有所收穫。這款酒有著美妙的花香和良好的架構，緊緻內斂，風格矜持。

＊無添加二氧化硫

Methode Sauvage, *Bates Ranch*
美國加州 Santa Cruz Mountains
卡本內弗朗
脆李｜紫藤｜覆盆子葉

　　上次我在舊金山時，遇到來自 Punchdown（位於奧克蘭一家很棒的自然酒吧）的 DC Looney，並帶走這瓶酒。我回到英國的當天就打開，真是好喝。誰說自然酒沒法經過長途運輸？ Methode Sauvage 酒莊成立的背景在於「要為加州各地的卡本內弗朗和白梢楠尋找屬於自己的聲音」。這款優異的酒不但找到自己的聲音，還如音樂般優美！

＊無添加二氧化硫

Montebruno, *Pinot Noir, Eola-Amity Hills*
美國奧勒岡
黑皮諾
野生覆盆子｜百合花｜石頭味

　　Joseph Pedicini 在紐約長大，並在 1990 年代精釀啤酒業才剛起步時，開創了自己的事業。在偶然的工作機緣，他前往奧勒岡，在那裡喝到的黑皮諾數量之多，讓他放棄了啤酒，改釀起葡萄酒。Joseph 說：「我從小就在義大利移民家庭中長大；祖母來自巴里（Bari），外祖母則來自那不勒斯。從小便常看到他們在家釀酒。祖母與父親對我影響很大，從發酵、園藝，到種葡萄的技巧，全都是他們教我的。」只消看他如今所釀出的葡萄酒，相信他的祖父母會相當以他為榮。這款黑皮諾的葡萄來自較冷涼的地塊，在太平洋海風的影響下，展現出芬芳、純淨而絕美的風格。

＊添加少量二氧化硫

新世界
酒體飽滿的紅酒

Castagna, *Genesis*
澳洲 Beechworth
希哈
黑莓｜紫羅蘭｜八角

　　Castagna 葡萄園坐落於澳洲阿爾卑斯山麓海拔 500 公尺處，離維多利亞省的歷史城鎮 Beechworth 五公里遠，為導演 Julian Castagna 以及電影製作人兼作家的妻子 Carolann 所有。以樸門農藝設計而成（見〈葡萄園：自然農法〉，頁 32-37）的 Castagna 酒莊，依照夫婦倆的說法，成立目的在於「將土壤的使用最大化，但將影響最小化」。他們請到樸門農藝運動發起人 David Holmgren，幫他們辨識出酒莊中重要的原生樹種與水源匯集點等，以此做為酒莊設計藍圖的依據。以草捆式建築為設計架構的酒莊主體也同樣徵詢了 David 的意見。超過 15 年後的今日，Castagna 已經是一位享有盛名的生產者，釀出的酒款與酒莊本身一樣，具有生命力，並展現出絕佳的細緻度。

＊添加少量二氧化硫

Tony Coturri, *Zinfandel*
美國索諾瑪谷
金芬黛
黑櫻桃｜焦糖布丁｜丁香

　　被視為「金芬黛先生」的 Tony Coturri 極具開拓精神，但常遭人誤解。身為酒農兼釀酒師，Tony 專注於加州傳統風格金芬黛酒款，所釀的葡萄酒風格大膽，極為均衡，表現出已然消失的加州傳統風格。這不是架構宏大的酒，更非大品牌，也不是流行或「假歐風」的葡萄酒，而是純正的加州味。這款被低估的葡萄酒，嘗來鹹鮮且複雜。任何忽視 Tony 酒款以及他對美國葡萄酒所代表的意義的美國自然酒吧、葡萄酒專賣酒或餐廳酒單，都稱不上專業。

＊無添加二氧化硫

Bodegas El Viejo Almacén de Sauzal, *Huaso de Sauzal*

智利茂列谷（Maule Valley）

派斯

紅醋栗｜黑無花果｜煙燻

　　酒莊使用的派斯葡萄來自智利中部未嫁接的葡萄老藤，其中一些可以追溯到 1650 年。這種最近開始復興的葡萄品種，展現了傳統智利葡萄酒特色。酒農兼釀酒師 Renán Cancino 說這些葡萄不經灌溉，以從過去西班牙殖民時代遺留下來的耕作技術。El Viejo Almacén 酒莊用馬犁地，不使用任何化學肥料、殺蟲劑或化石燃料。甚至釀酒方式也相當傳統：使用開放式橡木發酵槽，葡萄酒在裝瓶前在舊橡木桶內陳年一年，之後經過一年的瓶中陳年才上市。裝瓶和貼酒標均由手工完成。

　　早在 1789 年，許多貴族家庭就開始在 Sauzal 定居下來，也擁有小鎮周圍的大部分土地。Renán 說：「我的祖母是其中一個貴族家庭的保姆。她是個單親媽媽，育有一子（Bolivar，我父親）一女（Julia）。之後她決定辭職，把時間花在縫紉與養育孩子上，最終開了自己的店（Almacén），在 1960 年成為一名女裁縫師。我父親追隨她的腳步，也在 Almacén 工作，直到 2010 年的地震摧毀了 Sauzal 的大部分地區後才離開。」

＊無添加二氧化硫

左圖與右圖：
夏末之際 Tony Coturri 的葡萄園和葡萄果串。（請參見前頁）

酒體輕盈的葡萄酒

酒體中等的葡萄酒

酒體飽滿的葡萄酒

甜葡萄酒是藉由濃縮葡萄裡的糖分製成的，做法相當多樣，包括採收後在葡萄藤上或架子上任其風乾；透過天然產生的貴腐菌（Botrytis cinerea）；或透過採收冷凍的葡萄，也就是冰酒（icewine 或 eiswein）的釀造方式。

　　無論是透過風乾、真菌感染或冷凍，結果都是一樣的，葡萄中擁有大量的糖分，這表示酵母與其他微生物有充分的「食物」可供消耗。經過酒精發酵後，接下來的重點便是讓酒質穩定，以防止裝瓶後酒液無預警地再次發酵。最簡單也最常見的，莫過於無菌過濾或添加大量二氧化硫，這兩種方法都能夠消滅酒中可能造成發酵的微生物，也是一般傳統甜酒生產者最常用的方式。

微甜與甜型酒

　　但這些做法並不適用於自然酒生產者。因此有些人會加入由葡萄蒸餾出的烈酒以中止發酵過程，同時藉由高酒精度來強化與加烈該款酒（法文稱此加烈過程為「mutage」），這是因為高濃度酒精會殺死酒中的微生物，班努斯（Banyuls）、莫瑞（Maury）或波特（Port）等地區的加烈酒即是以此法釀造。就釀酒方式而言，加烈法可能是添加二氧化硫以外最安全也最簡單的方式，但也有些自然酒生產者在不添加烈酒、不用添加物並避免大量人工干預下，同樣達成了停止發酵的目的。

　　完全以自然派的方式釀造甜酒，是漫長、緩慢且需要極大耐心的過程。在沒有過濾或添加二氧化硫的情況下，唯有時間才能讓酒質逐漸穩定，正如 Jean-Francois Chêne 所說：「葡萄採收時需要達到 18 甚至 20 度左右的潛在酒精度，如此才較容易釀出不添加二氧化硫的甜酒。一旦達成這條件，剩下的就是時間了。釀造甜酒需要漫長的陳年培養期，24 或 36 個月都有可能，有時甚至要 5 年，這取決於年份表現。時間會讓葡萄酒漸趨平衡，因為當酵母一直處於糖分與酒精度都高的環境下，便會逐漸死去。」

　　即便裝瓶，酒款還是可能繼續在瓶內發酵，並製造微小氣泡。不

上圖：
Collectif Anonyme 是一家由幾個朋友所組成的現代版共同合作社，在法國／西班牙邊境生產一系列甜紅酒，其中包括幾款班努斯（加烈酒）和一款名為 Monstrum 的 vin naturellement doux（無額外添加酒精）甜酒。

過，這通常不會對香氣造成什麼影響。有時這些微氣泡甚至有助於提升酒款的輕盈度，但這端視品飲者的觀感而定。喝慣了那些經過殺菌處理、死氣沉沉的酒款的人，也許會被這些泡泡給嚇到。但由於絕大多數的自然酒生產者都不是為了要在短時間內獲利而釀酒，在必要時，他們願意讓葡萄酒經過長時間陳年，直到穩定了才會上市，因此在自然甜酒中喝到泡泡的機率微乎其微。如同 Chêne 在 2013 年所言：「我還有幾桶 2005 年的酒，因為甜度不夠均衡，所以被我留下來。我得等上好長一段時間，待酒質穩定後才會釋出這些酒。我不打算添加二氧化硫，更不想過濾酒款，但這就表示我只能仰賴漫長的陳年期，讓酒款自行達到平衡穩定。」

為了安全起見，有些生產者會將甜酒以與啤酒瓶相同的皇冠瓶蓋封瓶，以確保酒瓶能夠承受酵母再次發酵時意外產生的壓力。

本章列出的絕大多數酒款均不添加二氧化硫，有些酒款經過些微過濾，有些則經過加烈，但都屬自然派的做法。那些既沒有添加二氧化硫又沒加烈的天然甜酒，則相當難得，多數傳統酒生產者都會說，這是不可能的事。這些天然甜酒普遍經過長時間的陳年期，以達到酒質穩定，最終逐漸展現出一些極為罕見的風味：絕妙複雜的口感與質地，尾韻綿延不散。品飲時務必放慢速度來享受這些稀世珍寶。

天差地別

以自然派方式釀造的甜酒與所謂的天然甜酒（vin doux naturel, VDN）兩者大相逕庭。後者雖直譯為「天然甜酒」，但其實是法國法定產區名稱，用來形容包括莫瑞、班努斯或其他以加烈方式釀成的甜酒。但 VDN 其實一點也不天然，因為釀造過程可使用商業用酵母或二氧化硫等添加物。

酒體中等的
微甜與甜型酒

Esencia Rural, *Cepas Centenarias de Sol a Sol*
西班牙卡斯提亞—拉曼恰（Castilla La Mancha）
阿依倫（Airen）
肉桂｜焦糖堅果｜乾柑橘皮

　　Esencia Rural 位於馬德里以南一小時車程處，是一座占地 50 公頃的農場，生產 manchego 奶酪，並種有 Weleda 化妝品所使用的香草，以及黑蒜和各種葡萄，包括阿依倫（這是西班牙種植最廣泛的品種，多用於釀造西班牙白蘭地）。這款甜酒是以阿依倫葡萄乾和蜜思嘉葡萄經過 148 天的發酵和浸皮，再經換桶入陶罐後才進行裝瓶（無添加二氧化硫或過濾）。每瓶含殘糖 35 克。

＊無添加二氧化硫

Le Clos de la Meslerie, *Vouvray*
法國羅亞爾河
白梢楠
熟梨子｜打火石｜花粉

　　由美國銀行家轉行為葡萄酒生產者的 Peter Hahn，於 2002 年在羅亞爾河產區成立了此酒莊。他的梧雷（Vouvray）酒款經橡木桶發酵，並與酒渣陳年 12 個月，之後再經瓶陳 6 個月後才上市。這款濃郁的白梢楠微甜型白酒，帶有令人垂涎欲滴的純淨礦物，以及煙燻味和濕羊毛味，酒體頗為宏大。

＊添加少量二氧化硫

Les Enfants Sauvages, *Muscat de Rivesaltes*
法國胡西雍
蜜思嘉（Muscat）
土耳其軟糖｜百香果｜葡萄味

　　德裔夫妻 Carolin 與 Nikolaus Bantlin 因為愛上南法，於十多年前放棄原有的工作，舉家搬到菲杜（Fitou）。起初是為滿足德國家人的需求而開始釀起蜜思嘉甜酒，

沒想到酒款大受歡迎，變得供不應求。這款年輕的加烈酒帶有新鮮的葡萄果香以及些許異國水果風味。

＊添加少量二氧化硫

La Coulée d'Ambrosia, *Douceur Angevine, Le Clos des Ortinières*
法國羅亞爾河
白梢楠
蜜漬杏仁｜棗子｜萊姆

　　Jean-François Chêne 從父母手上繼承了 4 公頃的羅亞爾河莊園，自 2005 年接手後立即轉為有機耕種。他的 Douceur Angevine 釀自貴腐葡萄，採收時的潛在酒精濃度超過 20%。在無添加物與無人工干預的情況下，於橡木桶陳年五年，釀造出帶有豐富堅果氣息與果香的美酒。

＊無添加二氧化硫

Domaine Saurigny, *S*
法國羅亞爾河萊陽丘（Côteaux du Layon）
白梢楠
蜂蜜｜核桃醬｜焦糖布丁

　　Jerome Saurigny 於波爾多學習釀酒，隨後又在波美侯、聖愛美濃與普榭岡（Puisseguin）等產區擔任過酒窖經理，之後因受到 Les Griottes 的無人工干預酒款而大受啟發，決定落腳於羅亞爾河產區。這款濃稠如蜜的 S，質地令人驚豔，有點像是液態蜂蜜，甚至像匈牙利托凱產區的精粹貴腐甜酒（Tokaj eszencia）一般稠密。S 帶著核桃醬與焦糖布丁的香味，及百香果般的酸度。

＊無添加二氧化硫

酒體飽滿的
微甜與甜型酒

Clot de l'Origine, *Maury*
法國胡西雍
黑格那希與一點灰格那希、白格那希、馬卡貝甌與卡利濃

黑李乾｜黑莓｜摩卡

　　Marc Barriot 於 2004 年創立此占地 10 公頃的酒莊，葡萄園遍布南法阿格利河谷（Agly Valley）的五個村莊：Calc、莫瑞、Estagel、Montner 與 Latour de France，各自擁有獨特的土壤結構與微型氣候。這款甜紅酒單寧明顯，新鮮果味豐富，風格濃郁而純淨，帶著新鮮的葡萄與黑櫻桃等調性。這款酒的成功主要歸功於 Marc 葡萄園的低產量（每公頃僅釀造 800 公升），以及他所使用的「果粒加烈法」（mutage sur grain），這是一種傳統釀酒技藝，得以釀造出品質卓越的加烈酒。將葡萄蒸餾烈酒（Eau de vie）倒在完整的葡萄上，藉此保留住葡萄的第一類水果風味。

＊添加少量二氧化硫

Vinyer de la Ruca
法國胡西雍班努斯
格那希

可可豆｜佛手柑｜黑桑椹

　　正如酒農 Manuel di Vecchi Staraz 於酒莊網站中以加泰隆語所寫：「完全純手工」（Tot es fa a la ma），他每年僅釀造 1,000 瓶酒，玻璃酒瓶不但以人工吹製，而且酒莊完全不使用以電力或石油發電的機械。Manuel 提到：「凡是會旋轉、滑行、使用齒輪嚙合或加速的機械，我全部拒用。」這款酒釀自西法邊界班努斯產區的陡坡上樹齡超過 50 歲的老藤，帶有花香與濃郁的深色果香。

＊無添加二氧化硫

上圖：
Vinyer de la Ruca 的酒瓶每款都是手工吹製，因此獨一無二。

La Biancara, *Recioto della Gambellara*
義大利唯內多
加爾加內加（Garganega）

番紅花｜美洲胡桃｜多香果

　　酒莊由 Angiolino Maule 創立，他也是 VinNatur 酒農協會的創辦人兼主席。這款酒是以架上風乾的加爾加內加葡萄釀成，經過長時間發酵與陳年，約三年後才裝瓶。酒款展現絕佳的複雜度與豐腴的口感，酸度清新純淨，另帶有鹹味焦糖和部分浸皮所帶來出的單寧質地，是款風格奢華飽滿的甜酒。

＊無添加二氧化硫

左圖：
雖然有些自然酒生產者會不定期對外開放，歡迎參觀與品酒，但絕大多數的業者，包括 The Natural Wine Cellar 機構，其實因規模太小而無法長期對外開放。建議出門前要先打電話或 email，已確認酒莊能夠接待你，免得撲了個空。

AmByth Estate, *Passito*

美國加州

山吉歐維榭、希哈

莫雷氏櫻桃 | 葡萄乾 | 薄荷

　　由威爾斯人 Phillip Hart 與美國妻子 Mary Morwood Hart 擁有的這座 8 公頃莊園上種有葡萄樹和橄欖樹，坐落於 Paso Robles，這是當地第一且唯一一家獲得生物動力法認證的酒莊。這款風乾甜酒（Passito）以山吉歐維榭和希哈釀成，葡萄則是掛在帳棚內的晾衣繩上風乾的！帶著鮮明的葡萄乾氣息以及清爽的薄荷味。

＊無添加二氧化硫

Marenas, *Asoleo*

西班牙哥多華 Montilla

蜜思嘉

杏桃醬 | 香草豆 | 葡萄乾

　　這個位於西班牙南部小巧玲瓏的葡萄園竟擁有 200 棵葡萄樹！香氣奔放的蜜思嘉葡萄於 7 月採收後，經日曬乾燥八天（酒款名稱 Asoleo 意即「日曬」），然後在已有 200 年歷史的木桶中發酵。成果是一種濃郁如蜂蜜般甘美的香醇甜酒，殘糖量為 400 公克，酒精含量僅 8%，美味無比。

＊無添加二氧化硫

Ledogar, *MourvèdreVendange Tardive*

法國隆格多克

慕維得爾

芫荽｜咖哩葉｜粗糖

　　Xavier 與 Mathieu Ledogar 兩兄弟來自釀酒世家：曾祖父與外曾祖父都是酒農，父親 Andre 與祖父 Pierre 也不例外。這款晚摘貴腐酒經過室外發酵和 10 年陳年，層次豐富，餘韻悠長。酒款每公升 80 克的殘糖量與 17% 的酒精濃度，都是自然得來，是一款令人難以置信的葡萄酒：口感極甜，帶有咖啡風味，是絕佳的啜飲酒，用來搭餐實在太可惜了。

＊無添加二氧化硫

La Cruz de Comal, *Falstaff's Sack*

美國 Texas Hill Country

Blanc du bois

南非國寶茶｜黑李乾｜塞維爾酸橙果醬

　　La Cruz de Comal 位於德州 Texas Hill Country，奧斯丁（Austin）與聖安東尼（SanAntonio）兩市之間，是加州著名自然釀酒師 Tony Coturri（參見〈Tony Coturri 談蘋果與葡萄〉，頁 128-129）和葡萄酒愛好者 Lewis Dickson（Tony 的長期好友兼合作夥伴）共同成立的釀酒計畫。Lewis 在石灰岩土壤上種植了耐寒的美國雜交品種 black Spanish 與 blanc du bois（這是很罕見的品種，種植面積僅共 40 公頃）。Falstaff's Sack 是一款獨特且奇妙的加烈酒，相當美味。

＊無添加二氧化硫

Viña Enebro, *Vino Meditación*

西班牙莫夕亞（Murcia）

慕維得爾

黑醋栗果醬｜黑李乾｜巧克力

　　在 Juan Pascual 的這座小型家庭農場上種有不同的農作物：杏仁、橄欖、水果及 5.5 公頃的葡萄園。此地的降雨量極低，因此 Juan 僅種植抗旱的本土葡萄，如慕維得爾（monastrell，又名 mourvèdre）、forcallat 和 valencí。位於莫夕亞的 Bullas 地區，此區以架構宏大，單寧高、干型不甜紅酒聞名。但 Juan 特立獨行，這款口感鮮鹹的甜點酒就是他的成果之一。葡萄在九月採收，就像釀造干型酒款一樣，然後在室內風乾六週以濃縮糖分。之後將整串葡萄（含梗）榨汁，接著經過三個月的浸皮，放入老法國橡木桶中存放四年，最後才裝瓶。酒款口感濃稠、單寧明顯並具成熟果味（果醬、葡萄乾和無花果乾），是一款架構和平衡兼具的葡萄酒，並帶著鮮明的甜味。儘管技術上而言，似乎不應該將這款酒納入本章之內，但我還是覺得它屬於這裡。這是一款本身就像是一道佳餚的酒，是你可能會想在飯後單獨來一杯，一邊品飲一邊「冥想」（正如其名）的葡萄酒。

＊無添加二氧化硫

Jolly-Ferriol, *Or du Temps*

法國胡西雍天然甜酒（Vin Doux Naturel）

小粒種蜜思嘉、亞歷山大蜜思嘉

蜂蜜烤核桃｜糖漬萊姆｜鹹味焦糖

　　當 Isabelle Joll 與 Jean-Luc Chossart 夫妻倆接管這座阿格利河谷最古老的葡萄園之一時，在裡頭發現了一個隱蔽的酒窖。其中藏有許多非常古老的細頸玻璃大瓶（demi-john）和多瓶裝滿至少五、六十歲的蜜思嘉甜酒，有些已經變質，有些卻很出色。Jean-Luc 決定用其中一些來釀造自己的天然甜酒。他在每個舊木桶中放入 10-20 公升的古老甜酒，並加滿他自己 2006 年和 2007 年的天然甜酒。他使用了三分之二的小粒種蜜思嘉（為酒添加細膩口感）和三分之一的亞歷山大蜜思嘉（為酒增添濃郁葡萄香氣），接著在未來 12 年內從未動過這些橡木桶（也不進行加滿添桶動作）。結果釀造出一種稀有、獨特、而且真正天然的 VDN（參見〈天差地別〉，頁 200），它是款「不受時間所限制」（即酒名 Or du Temps 緣起）的酒。當 Jean-Luc 退休時，他們把葡萄園賣掉了，雖然如今兩人已不再種植葡萄，但他們還保留許多甜酒庫存，趁著還有的時候趕快買吧。

＊無添加二氧化硫

共同發酵：水果聯合國

無論是否出於自願，許多自然酒生產者最終不得不在體制外釀酒（請參閱〈藝匠酒農〉，頁 100-105）。但好處是，他們得以擺脫同行被迫遵守的傳統桎梏。這讓自然酒生產者得以自由發揮，也是自然酒世界可以如此創新發展的主因之一。

葡萄酒生產者總是在追求品質與自己可以做些什麼之間尋求自我突破。有些酒農用紅葡萄釀造白酒，這種做法也稱為「黑中白」，另一些酒農則將紅葡萄和白葡萄混合，釀造出風味較淡雅的紅酒或顏色較深的粉紅酒（參見 Borachio 的 Flat Out Rosé，頁 175）。或許更令人興奮的是，有些生產者已經涉足其他發酵領域。畢竟，葡萄並不是唯一能夠釀造出優質酒精飲料的食品。

蘋果能釀出蘋果酒，梨子可變成梨子酒，用蜂蜜可製作出蜂蜜酒，這僅是幾個例子。這些都不是創新酒款，但有趣的是，近年來許多生產者重新採用傳統古法釀造，像是使用有機水果和自然發酵，不經殺菌過程或不過度使用二氧化硫等，許多做法都與自然酒界如出一轍。事實上，許多自然葡萄酒生產者現在也釀製葡萄以外的自然酒。

跨界釀造的出現因此也只是時間問題。像是用葡萄酒與花朵（如接骨木或金合歡）或其他水果（如覆盆子、李子或接骨木果）發酵和調味，甚至從一開始就與其他食品（蘋果與梨子）共同發酵都有。有時是徹底的共同發酵，有時僅是浸皮，但有時則兩者兼具。

某些會將糖分全數發酵，形成靜態酒，但許多則留有氣泡，以自然微泡酒風格或使用類似於傳統法（參見頁 137-139）的方式釀造。基酒（可能僅由葡萄製成，也可能是各類食品和香料的混合）是藉由添加新鮮果汁（水果不拘）進行二次發酵，做法千變萬化。

Côme Isambert 是羅亞爾河產區的一家小型葡萄酒酒商，從 2017 年開始嘗試以其他水果釀造。Côme 說：「我一開始是使用祖傳法將不同類型的水果混合在一起，以提高果汁的品質，否則有些水果可能無法達到所需的品質。使用不同的水果有助於創造出更為芳香有趣的酒款。當我開始這麼做時，正好此區歷經一個極具挑戰的年份。葡萄園遭受嚴重的霜害，蘋果樹和梨樹則倖免於難；這一年果實量之多，果樹樹枝甚至呈雙倍下彎，也因此成為一個增加產量的大好機會。」

依據葡萄與其他水果的添加比例，所得酒款的酒精度通常會低於純葡萄酒，總酒精度約在 8-10.5%。由於現今低酒精度的飲料大受歡迎，因此這些共同發酵的酒款會大賣或許一點也不足為奇。「在美國，我們的蘋果酒（Fusion Cider）是熱銷產品。」Meinklang 的 Niklas Peltzer 說道。Meinklang 農場位於奧地利東南部，占地 2,000 公頃，是採用生物動力法及農業

多樣化的典範，也是以自然而尊重農業的耕作方式可以大規模進行的最佳例證。Meinklang 生產啤酒、果汁、蘋果酒和葡萄酒。「我們發酵蘋果的經驗很少，所以決定將蘋果汁和葡萄汁共同發酵。後來我們遇到了 Fruktstereo，並開始向他們學習。」Niklas 解釋道。

Fruktstereo 是瑞典 Fruit Nat 的生產者，他們創造了這個術語來描述他們的自然微泡酒風格的水果酒。「最初我們稱之為蘋果酒（cider），但法律禁止我們這樣做。」Karl Sjöström 解釋道，他與 Mikael Nypelius 一起創立了 Fruktstereo。Karl 和 Mikael 都具有葡萄酒背景，因此是以葡萄酒生產者對待葡萄一樣來對待他們的水果，採用與他們的自然酒偶像們在酒窖中使用的相同自然酒釀酒邏輯。他們甚至使用葡萄酒壓榨機榨果汁。從 2016 年創立時的 3,000 公升產量，現已迅速增長至年產量 50,000 公升。他們所有的水果都來自廢棄的果園、朋友的庭園，或是無法出售庫存的農民的廢棄水果。而且，一如葡萄酒生產者，他們根據品質區分水果，對不同的特釀使用不同批次的水果。

除了共同發酵之外，世界各地還有許多優秀的生產者採用與自然酒農幾乎相同的方式，釀造出「單一品種」的非葡萄酒款，例如蘋果酒、梨子酒、蜂蜜酒和啤酒，其中包括 Arrowood Farms Brewery（位於美國紐約州，釀造啤酒和水果啤酒）、Cyril Zangs（位於法國諾曼第，釀造蘋果酒）、Fable Farm Fermentory（於美國佛蒙特州，釀製蘋果酒和草本蘋果酒）、Ferme Apicole Desrochers（來自加拿大魁北克省自家蜂巢釀造的蜂蜜酒），和 Gotsa Wines（位於喬治亞克維莫－卡爾特里州，釀造蘋果酒和啤酒以及葡萄酒，請參閱頁 141）。

Côme Isambert, *Tour de Fruit*
法國羅亞爾河
以烹飪、食用和蘋果酒使用的蘋果混合灰與黑果若（grolleau）葡萄

這是 Côme 首次涉足非純葡萄發酵領域，酒款是與 Fruktstereo 合作進行的。Tour de Fruit 混合了 70% 的烹飪蘋果、食用蘋果和蘋果酒，以及 30% 的灰果若與黑果若葡萄。具有令人驚喜的葡萄酒醇厚質地與清爽口感。Côme 目前用來釀造的食品包括胡蘿蔔、覆盆子、草莓、榅桲、梨子、蘋果，當然還有葡萄，因此還有許多品項和品種可供品嘗。

＊無添加二氧化硫

Meinklang, *Fusion Cider*
奧地利布根蘭州
黃玉蘋果（Topaz apple）、綠維特利納葡萄

將自產的黃玉蘋果發酵至完全無殘糖，然後換桶以除去沉澱物。加入綠維特利納葡萄汁後於仍在發酵時裝瓶，創造出自然微泡酒風格的酒款。

＊無添加二氧化硫

Fruktstereo, *Plumenian Rhapsody*
瑞典 Scania
李子（維多利亞種或混合品種）、蘋果（不同品種）、Rondo 葡萄

這是 Fruktstereo 的第一款共同發酵酒款。李子經過二氧化碳浸皮法後壓榨，並添加新鮮蘋果汁以提高糖度。從當地農場採收的 Rondo 葡萄，經整串方式浸皮過後的葡萄汁加入果汁中一同發酵，直到殘糖降至 8-10 克，最後以祖傳法概念經換桶方式將清澈的果汁裝瓶。

＊無添加二氧化硫

其他值得推薦的酒農

　　以下列出就我所知，屬於避免在釀酒過程加以人工干涉過程的有機或生物動力法生產者。同時也涵蓋了在第三部分提到的酒農及對應頁面以方便參考。這些生產者多數都是完全採用自然派的做法，毫無使用任何添加劑。另外有些則有使用二氧化硫，有些特釀可能會添加超過每公升 50 毫克，因此最好直接向生產者確認。這份當然不可能是完整清單（若有遺漏掉的酒農我深感抱歉），目的在於列出一些有趣的生產者，以利消費者進一步探索自然酒的多樣性。

阿根廷
Vincent Wallard (頁193)

澳洲
Bindi Wines
Bobar
Borachio (頁175)
Castagna (頁195)
Cobaw Ridge
Commune of Buttons
Delinquente Wine Company
Domaine Lucci
Jasper Hill
Jauma
Lucy Margaux Vineyards
Luke Lambert Wine
Manon
Mill About Vineyard
Ochota Barrels
Patrick Sullivan
Revelation
Shobbrook Wines (頁193)
SI Vintners (頁158)
Smallfry Wines
The Other Right

奧地利
Christian Tschida
Gut Oggau (頁154, 174)
Hager Matthias
Herrenhof Lamprecht
Johannes Zillinger

Koppitsch Alex & Maria
Matthias Warnung
Meinklang (頁207)
Schmelzer's Weingut
Strohmeier (頁176)
Weinbau Michael Wenzel
Weingut Alice & Roland Tauss
　(頁155)
Weingut Birgit Braunstein
Weingut Claus Preisinger
Weingut Georgium
Weingut In Glanz (Andreas
　Tscheppe)
Weingut Judith Beck
Weingut Karl Schnabel (頁189)
Weingut Maria & Sepp Muster
　(頁155)
Weingut MG vom SOL
Weingut Werlitsch (頁156)

巴西
Dominio Vicari (頁159)

加拿大
Domaine Bergeville
Domaine du Nival
Negondos (頁166)
Okanagan Crush Pad
Parsell Vineyard
Pearl Morissette Estate Winery
Pinard et Fille
Rigour & Whimsey

Vignoble Les Pervenches (頁
　157)

智利
A Los Vinateros Bravos
Bodega Montsecano
Bodegas El Viejo Almacen de
　Sauzal (頁196)
Cacique Maravilla (頁193)
Clos Ouvert
Roberto Henriquez
Rogue Vine
Tinto de Rulo
Vida Cycle
Villalobos Wine
Vina Casalibre
Vina Dona Luisa
Vina Maitia
Vina Tipaume
Wildmakers
Yumbel Estacion

克羅埃西亞
Giorgio Clai
Piquentum

捷克
Dobra Vinice
Dva Duby
Milan Nestarec
Stawek (Richard Stavek)
Vinarstvi Jaroslav Osicka

Winery Marada

芬蘭
Noita Winery

法國
阿爾薩斯
A&A Durrmann
Anders Frederik Steen
Beck-Hartweg
Bruno Schueller
Catherine Riss
Christian Binner
Christophe Lindenlaub
Domaine Barmes-Buecher
Domaine Brand
Domaine Cle de Sol
Domaine de l'Envol
Domaine Geschickt
Domaine Julien Meyer (頁148)
Domaine Mann
Domaine Vantin Zusslin
Domaine Zind Humbrecht
Jean Ginglinger
Jean-Marc Dreyer
Laurent Bannwarth
Le Vignoble du Reveur
Les Vins Pirouettes
Pierre Frick (頁142)
Sons of Wine
Vins d'Alsace Rietsch (頁141)
Vins Hausherr

阿德樹（**Ardèche**）
Andrea Calek (頁149)
Daniel Sage
Domaine du Mazel
Domaine Jerome Jouret
Domaine les Deux Terres (頁209)
Gregory Guillaume
La Vrille et le Papillon
Le Raisin et L'Ange
Mas de l'Escarida
Ozil Frangins
Sylvain Bock

歐維聶（**Auvergne**）
Aurelien Lefort
Domaine La Boheme
Domaine No Control
Francois Dhumes (頁182)
Jean Maupertuis
Marie & Vincent Tricot (頁150)
Pierre Beauger
Vignoble de l'Arbre Blanc

薄酒來
Anthony Thevenet
Chateau Cambon
Christian Ducroux (頁183)
Christine & Gilles Paris
Christophe Pacalet
Damien Coquelet
David Large
Domaine Clotaire Michal
Domaine de Botheland
Domaine des Cotes de la Moliere
Domaine Jean Foillard
Domaine Jean-Claude Lapalu
Domaine Joseph Chamonard
Domaine Leonis
Domaine Marcel Lapierre
Domaine Michel Guignier
Domaine Vionnet
France Gonzalvez
George Descombes
Guy Breton (頁182)
Jean-Claude Chanudet
Jean-Paul et Charly Thevenet
Julie Balagny
Julien Sunier
L'Epicurieux
Le Grain de Seneve (Herve Ravera)

Lilian & Sophie Bauchet
Philippe Jambon
Yvon Metras

波爾多
Charivari Wines
Chateau de la Vieille Chapelle
Chateau Guadet
Chateau La Haie
Chateau Lamery
Chateau Le Puy (頁185)
Chateau Massereau
Chateau Meylet
Chateau Mirebeau
Chateau Valrose
Clos Puy Arnaud
Closerie Saint Roc
Closeries des Moussis
Domaine de Valmengaux
Domaine du Rousset Peyraguet
Leandre-Chevalier
Les Trois Petiotes
Ormiale
Vignobles Pueyo

布給
Domaine du Perron
Domaine Yves Duport

布根地
AMI
Catherine and Gilles Verge (頁149)
Chateau de Bel Avenir / P.U.R. (也在隆河產區)
Chateau de Beru
Clos du Moulin aux Moines
De Moor
Domaine Alexandre Jouveaux
Domaine Ballorin & F
Domaine C & L Tripoz
Domaine Chandon de Briailles
Domaine de la Cadette
Domaine de la Romanee Conti
Domaine de Pattes Loup
Domaine Derain
Domaine du Prieure Roch
Domaine Emmanuel Giboulot
Domaine Fanny Sabre
Domaine Guillemot-Michel
Domaine Guillot-Broux
Domaine Philippe Valette

Domaine Pierre Andre
Domaine Sauveterre
Domaine Sylvain Pataille
Domaine Tawse
Domaine Trapet
Domaine Vignes du Maynes
Domaines des Rouges Queues
Francois Ecot
Frederic Cossard
Jean-Claude Rateau
Jean-Jacques Morel
La Maison Romane (頁183)
La Soeur Cadette
La Soufrandiere (BRET BROTHERS)
Les Champs de L'Abbaye
Philippe Pacalet
Pierre Boyat (頁148)
Recrue des Sens (頁148)
Sarnin-Berrux
Sextant (頁166)

香檳
以下僅列出經有機或生物動力法認證的酒莊
Champagne Augustin
Champagne Beaufort
Champagne Benoit Lahaye
Champagne Bonnet Ponson
Champagne Bourgeois-Diaz
Champagne Clandestin
Champagne Delalot
Champagne Emmanuel Brochet
Champagne Fleury
Champagne Franck Pascal
Champagne Jacques Lassaigne
Champagne Jerome Blin
Champagne L & S Cheurlin
Champagne Laherte Freres
Champagne Larmandier-Bernier
Champagne Leclerc Briant
Champagne Lelarge-Pugeot
Champagne Marguet
Champagne Pascal Doquet
Champagne Piollot Pere et Fils
Champagne Ruppert-Leroy
Champagne Val-Frison
Champagne Vincent Couche
Champagne Vincent Laval
Champagne Vouette & Sorbee
David Leclapart
Durdon Bouval

Francis Boulard
Francoise Bedel

科西嘉
Antoine Arena
Clos Marfi si
Clos Signadore
Comte Abbatucci
Domaine Giacometti
Nicolas Mariotti Bindi

侏儸
Arnaud Greiner
Domaine de l'Octavin
Domaine de la Borde
Domaine de la Pinte
Domaine de la Touraize
Domaine de la Tournelle
Domaine des Bodines
Domaine des Cavarodes
Domaine Didier Grappe
Domaine Houillon (頁149)
Domaine Jean-Francois Ganevat
Domaine Julien Labet
Domaine Philippe Bornard
Domaine Tissot
Granges Paquenesses
Peggy Buronfosse

隆格多克
Catherine Bernard
Chateau de Gaure
Chateau La Baronne
Clos des Calades
Clos du Gravillas
Clos Fantine (頁183)
Domaine Beauthorey
Domaine Benjamin Taillandier
Domaine Binet-Jacquet
Domaine Bories Jefferies
Domaine d'Aupilhac
Domaine de Courbissac
Domaine de Rapatel
Domaine des 2 Anes
Domaine des Amiel
Domaine des Dimanches (Emile Heredia)
Domaine Fond Cypres (頁174)
Domaine Fontedicto (頁185)
Domaine Frederic Brouca
Domaine Guilhem Barre
Domaine Jean-Baptiste Senat
Domaine L'Escarpolette

Domaine La Marele
Domaine Ledogar (頁205)
Domaine Leon Barral (頁151)
Domaine Les Hautes Terres
Domaine Lous Grezes (頁149)
Domaine Ludovic Engelvin
Domaine Mas Lau
Domaine Maxime Magnon
Domaine Monts et Merveilles
Domaine Pechigo
Domaine Sainte Croix
Domaine Thierry Navarre
Domaine Thomas Rouanet
Domaine Thuronis
Es d'Aqui
Julien Peyras (頁175)
L'Etoile du Matin
La Fontude
La Grain Sauvage
La Grange d'Ain
La Sorga (頁185)
La Villa Sepia
Le Clos des Jarres
Le Pelut
Le Petit Domaine
Le Petit Domaine de Gimios
　(頁150)
Le Quai a Raisins
Le Temps des cerises
Les Cigales dans la Fourmiliere
Les Clos Perdus
Les Herbes Folles
Les Sabots d'Helene
Les Vignes d'Olivier
Les Vignes du Domaine du
　Temps
Mas Angel
Mas Coutelou
Mas D'Alezon (Domaine de
　Clovallon)
Mas des Agrunelles
Mas des Caprices
Mas Lasta
Mas Nicot (頁174)
Mas Troque
Mas Zenitude (頁174)
Mouressipe
Mylene Bru
Opi d'Aqui
Remi Poujol
Vignoble du Loup Blanc
WA SUD
Zelige Caravent

羅亞爾河

A la Votre!
Benoit Courault
Cave Sylvain Martinez
Chateau du Perron / Le Grand
　Clere
Chateau Tour Grise
Clos de l'Elu
Clos du Tue-Boeuf (Thierry
　Puzelat)
Come Isambert / Clos Cristal
Closed (頁207)
Cyril Le Moing
Damien Bureau
Damien Laureau
Didier Chaffardon
Domaine Alexandre Bain (頁
　151)
Domaine Bobinet
Domaine Breton (頁142)
Domaine Chahut et Prodiges
Domaine Cousin-Leduc (頁182)
Domaine de Bel-Air (Joel
　Courtault)
Domaine de Belle Vue
Domaine de l'Ecu
Domaine de la Coulee de
　Serrant
Domaine de la Garreliere
Domaine de la Senechaliere
Domaine de Montcy
Domaine de Veilloux
Domaine des Maisons Brulees
Domaine du Closel
Domaine du Collier
Domaine du Mortier
Domaine du Moulin (Herve
　Villemade)
Domaine du Raisin a Plume
Domaine Etienne & Sebastien
　Riffault (頁151)
Domaine Frantz Saumon
Domaine Gerard Marula
Domaine Grosbois
Domaine Guiberteau
Domaine la Paonnerie
Domaine la Taupe
Domaine Le Batossay (Baptiste
　Cousin)
Domaine Le Briseau
Domaine Les Capriades (頁143)
Domaine Les Chesnaies
　(Beatrice & Pascal Lambert)

Domaine les Roches
Domaine Lise et Bertrand
　Jousset
Domaine Mathieu Coste
Domaine Nicolas Reau
Domaine Patrick Baudoin
Domaine Pierre Borel
Domaine Rene Mosse
Domaine Saint Nicolas
Domaine Saurigny (頁202)
Domaines Landron
Francois Saint-Lo
Herbel
Jean-Christophe Garnier
Jerome Lambert
Julien Courtois (頁149)
Julien Pineau
La Coulee d'Ambrosia (頁202)
La Ferme de la Sansonniere
La Folie LuCe
La Grange Tiphaine (頁140)
La Grapperie (頁184)
La Lunotte
La Porte Saint Jean
Laurent Herlin
Laurent Saillard
Le Clos de la Meslerie (頁202)
Le Picatier
Le Sot de L'Ange
Les Cailloux du Paradis (頁184)
Les Tetes et Domaine des Hauts
　Baigneux (頁140)
Les Vignes de Babass (頁142)
Les Vignes de l'Angevin (頁143)
Les Vins Contes (Olivier
　Lemasson)
Manoir de la Tete Rouge
Muriel & Xavier Caillard
Noella Morantin
Patrick Corbineau (頁182)
Philippe Delmee & Aurelien
　Martin
Pithon-Paille
Reynald Heaule
Richard Leroy
Sylvie Augereau
Thomas Boutin
Toby Bainbridge
Vine Revival

普羅旺斯

Chateau Sainte Anne
Domaine de Trevallon

Domaine Hauvette
Domaine Les Terres Promises
Domaine Les Tuiles Bleues
Domaine Milan (頁184)

隆河

Clos de Trias
Dard & Ribo
Domaine Arsac
Domaine Charvin
Domaine Clusel-Roch
Domaine de la Grande Colline
　(Hiratoke OOKA)
Domaine de la Roche Buissiere
Domaine de Villeneuve
Domaine des Miquettes
Domaine du Coulet
Domaine Gourt de Mautens
Domaine Gramenon
Domaine Jean-Michel Stephan
　(頁185)
Domaine L'Anglore (頁176)
Domaine La Ferme de Saint
　Martin
Domaine Lattard
Domaine les 4 Vents
Domaine les Bruyeres
Domaine Marcel Richaud
Domaine Matthieu
Dumarcher
Domaine Montirius
Domaine Otheguy
Domaine Romaneaux-Destezet
Domaine Rouge-Bleu
Domaine Viret
Domaine Wilfried
Eric Texier
Francois Dumas
La Ferme des Sept Lunes
La Gramiere
Le Clos de Caveau
Le Clos des Cimes
Le Clos des Mourres
Le Mas de Casalas
Le Vin de Blaise
Les Champs Libres

胡西雍

Bruno Duchene
Clos du Rouge Gorge
Clos Massotte
Clot de l'Origine (頁203)
Clot de l'Oum

Collectif Anonyme
Domaine Carterole
Domaine Danjou-Banessy
Domaine de L'Ausseil
Domaine de l'Horizon
Domaine de l'Encantade
Domaine des Enfants
Domaine des Mathouans
Domaine des Sarradels (頁211)
Domaine du Matin Calme
Domaine du Possible
Domaine du Traginer
Domaine Gauby
Domaine Gilles Troullier
Domaine Jean-Philippe Padie
Domaine Jolly Ferriol (頁205)
Domaine Le Bout du Monde
Domaine Le Scarabee
Domaine Leonine
Domaine Les Arabesques
Domaine Les Enfants Sauvages
    (頁202)
Domaine les Foulards Rouges
Domaine Potron Minet
Domaine Tribouley
Domaine Vinci
Domaine Yoyo
La Bancale
La Cave des Nomades
La Petite Baigneuse
Le Casot des Mailloles (頁151)
Le Soula (頁166)
Le Temps Retrouve
Les Vins du Cabanon (頁176)
Mamaruta
Matassa (頁149)
Riberach
Rie & Hirofumi Shoji
Vignoble Reveille
Vinyer de la Ruca (頁203)

法國西南部
Barouillet
Chateau Lafi tte
Chateau Lassolle
Chateau Lestignac
Chateau Tour Blanc
Domaine Causse Marines
Domaine Coquelicot
Domaine Cosse Maisonneuve
Domaine du Pech
Domaine Guirardel
Domaine l'Originel (Simon
    Busser)
Domaine Plageoles
Elian Da Ros
Ferme Bois Moisset
L'Ostal (Louis Perot)
Laurent Cazottes
Mas del Perie
Nicolas Carmarans
Patrick Rols

薩瓦
Domaine Belluard
Domaine Prieure Saint
    Christophe
Jean-Yves Peron

喬治亞
Akhmeta Wine House
Alexander's Wine Cellar
Anapea Village
Archil Guniava Wine Cellar
Artana Wines
Baghdati Estates
Baia's Wine
Chateau Khashmi
Chona's Marani
Chveni Gvino (Our Wine)
Dimis Ferdobi
Doremi Wine
Ethno
Gaioz Sopromadze Winery
Gotsa Wines (頁141)
Iago Bitarishvili
Iases Marani
Kakha Berishvili
Khvtisia Wines
Lapati Wines
Lomtadze's Marani
Makaridze Winery
Naotari Wines
Natenadze's Wine Cellar
Nika Bakhia (頁191)
Nikalas Marani
Nikoloz Antadze
ODA
Pataridze's Rachuli
Pheasant's Tears (頁168)
Ramaz Nikoladze
Ruispiri Marani
Samtavisi Marani
Simon Chkheidze Wine Cellar
Sopromadze Marani
Tanini

Tsikhelishvili Winery
Zhuka-Sano Wine Cellar
Zurab Kviriashvili Vineyards

德國
Andi Weigand
Collective Z
Das Hirschhorner Weinkontor
    (Frank John) (頁141)
Enderle & Moll
Okologisches Weingut Schmitt
    (頁167)
Rudolf & Rita Trossen (頁156)
Stefan Vetter (頁154)
Weingut Benzinger
Weingut Brand
Weingut Thomas Harteneck
    2Naturkinder (頁155)

希臘
Afi anes Wines
Domaine de Kalathas
Domaine Ligas (頁175)
Domaine Tatsis
Georgas Family (頁156)
Kamara Estate
Kontozisis Organic Vineyards
Sant'Or
Sous le Vegetal
Vaimaki Family

義大利
阿布魯佐
Caprera
De Fermo
Emidio Pepe
Lammidia (頁153)
Marina Palusci
Podere San Biagio
Rabasco
Stefania Pepe
Tenuta Terraviva

奧斯塔谷(Aosta Valley)
Selve (頁187)

卡拉布里亞 (Calabria)
Cataldo Calabretta
Nasciri

坎佩尼亞 （Campania）
Cantina del Barone
Cantina Giardino (頁169)

Cantine dell'Angelo
Casebianche
I Cacciagalli
Il Cancelliere (頁188)
Il Don Chisciotte (Pierluigi
    Zampaglione)
Podere Veneri Vecchio

艾米里亞一羅馬涅
Al di la del Fiume
Ca de Noci
Camillo Donati (頁143)
Case... naturally wine
Cinque Campi (頁143)
Denavolo (頁167)
Il Farneto
La Stoppa
Maria Bortolotti
Podere Cipolla (Denny Bini)
Podere Pradarolo (頁188)
Quarticello (頁140)
Storchi
Tenuta Biodinamica Mara
Terre di Macerato
Vigneto San Vito (Orsi) (頁153)
Vittorio Graziano

弗里尤利一維內奇朱利亞
（ Friuli Venezia Giulia ）
Damijan Podversic
Dario PrinDiD
Denis Montanar
Franco Terpin (頁174)
Josko Gravner
La Castellada
Paraschos
Radikon (頁169)
Vignai da Duline
Villa Job
Vodopivec

拉齊奧（Lazio）
Abbia Nova
Cantina Ribela
Cantine Riccardi Reale
Corvagialla
Costa Graia
D.S. bio
Le Coste (頁153)
Maria Ernesta Berucci
Palazzo Tronconi
Piana dei Castelli
Podere Orto

利克里亞（Liguria）
Azienda Agricola Il Torchio
Stefano Legnani
Tenuta Selvadolce

倫巴底（Lombardy）
1701 Franciacorta
Az. Agricola Andi Fausto
Azienda Agricola Divella
Azienda Agricola Sorgente
　Oreste
Barbacan
Bel Sit
Ca del Vent
Casa Caterina（頁143）
Fattoria Mondo Antico
P212
Podere Il Santo
Tenuta Belvedere
Vigne del Pellagroso

馬給（Marche）
Azienda Agricola Maria Pia
Castelli
La Marca di San Michele

莫里塞（Molise）
Agricolavinica

皮蒙
Alberto Oggero
Azienda Agricola Curto Marco
　di Curto Nadia
Bera Vittorio e Figli
Carussin (di Bruna Ferro)
Casa Wallace
Cascina degli Ulivi（頁152, 187）
Cascina Fornace
Cascina Luli
Cascina Roera
Cascina Tavijn（頁186）
Cascina Zerbetta
Case Corini（頁188）
Eugenio Bocchino
Ferdinando Principiano
Forti del Vento
La Morella
Lapo Berti Vino
Olek Bondonio
Poderi Cellario
Roagna
Rocco di Carpeneto
San Fereolo

Tenuta Foresto
Terre di Mate
Valfaccenda
Valli Unite（頁152）

普利亞
Azienda Agricola Francesco
　Marra
Cantina Pantun
Cantine Cristiano Guttarolo
　（頁186）
Fatalone Organic Wines
Natalino del Prete
Progetto Calcarius
Valentina Passalacqua

薩丁尼亞島
Meigamma
Panevino（頁187）
Raica
Tenute Dettori

西西里島
Abbazia San Giorgio
Agricola Marino
Agricola Vira
Aldo Viola
Arianna Occhipinti
Azienda Agricola Francesco
　Guccione（頁153）
COS
Dos Tierras Badalucco
Elios
Frank Cornelissen（頁168, 188）
Lamoresca（頁186）
Marabino
Marco de Bartoli
Nino Barraco（頁152）
Serragghia（頁169）
Valdibella
Vini Campisi
Vino di Anna
Viteadovest

鐵恩提諾－上阿第杰
（Trentino-Alto Adige）
Cantina Furlani
Foradori（頁167）
GRAWU

托斯卡尼
Ampeleia
Az. Agr. Macea

Azienda Agricola Casale
Azienda Agricola San
　Bartolomeo
Campinuovi
Casa Raia
Casa Sequerciani
Colombaia（頁167）
Cosimo Maria Masini
Do.t.e.
Fattoria La Maliosa（頁167）
Fonterenza
Fuorimondo
I Mandorli
Il Paradiso di Manfredi
La Cerreta
La Ginestra
Macea
Massa Vecchia
Montesecondo（頁187）
Ottomani
Pacina
Paolo e Lorenzo Marchionni
Pian del Pino
Podere Concori
Podere della Bruciata
Podere Gualandi
Ranchelle
Santa10
Stefano Amerighi
Stella di Campalto
Tenuta di Valgiano
Tunia

翁布里亞（Umbria）
Ajola
Cantina Collecapretta
Cantina Margo
Fattoria Mani di Luna
Paolo Bea
Raina
Tiberi
Vini Conestabile

唯內多
Azienda Agricola Calalta
Ca' dei Zago
Casa Belfi
Casa Coste Piane
Corte Sant'Alda
Costadila（頁142）
Dalle Ore
Daniele Piccinin（頁152）
Daniele Portinari

Davide Spillare
Del Rebene
Gianfranco Masiero
Il Cavallino
Il Monte Caro
Il Roccolo di Monticelli
Indomiti
La Biancara（頁203）
Meggiolaro Vini
Menti Giovanni
Monte dall'Ora
Monteforche
Nevio Scala
Sieman
Societa Agricola Il Sasso
Tenuta l'Armonia
Valentina Cubi
Vigna San Lorenzo (Col
　Tamarie)
Villa Calicantus

日本
Atsushi Suziki
Beau Paysage
Grape Republic
Domaine Oyamada
Domaine Takahiko

墨西哥
Bichi Winery（頁194）
Bodega dos Buhos

荷蘭
Domein Aldenborgh

紐西蘭
Alex Craighead Wines
Cambridge Road
Hermit Ram
Pyramid Valley
Sato Wines（頁158）
Seresin Estate

波蘭
Dom Bliskowice

葡萄牙
Antonio Madeira
Aphros Wine
Humus (Quinta do Paco)
Joao Tavares De Pina
Quinta da Palmirinha
Vale Da Capucha

Vitor Claro

羅馬尼亞
Weingut Edgar Brutler

俄羅斯
UPPA Winery (頁156)

塞爾維亞
Francuska Vinarija (頁154)
Oszkar Maurer

斯洛伐克
Kasnyik Family Winery
Magula Family Winery (頁189)
Matyas Family Estate
Organic (Strekov)
Slobodne Vinarstvo
Strekov 1075 (頁154)

斯洛維尼亞
Bati
Biodinami na kmetija
Urbajs
Doma ija Butul
Klabjan
Klinec
Kmetija Štekar
Mle nik (頁167)
Movia (頁142)
Nando
Vina otar (頁169)
Vino Suman

南非
Intellego Wines
Morelig Vineyards (Wightman & Son)
Mother Rock Wines
Reyneke
Ryan Mostert
Testalonga (頁169)

西班牙
Alba Viticultores
Alvar de Dios Hernandez
Alvaro Gonzalez Marcos
Barranco Oscuro (頁191)
Bodega Clandestina
Bodega F. Schatz
Bodega Frontio
Bodegas Almorqui

Bodegas Cauzon (頁189)
Bodegas Cueva
Bodegas Gratias. Familia y Vinedos
Bodegas Moraza
Can Sumoi
Carlania Celler
Casa Pardet
Celler de les Aus
Celler Escoda-Sanahuja (頁166)
Celler Lopez-Schlecht
Celler Succes Vinicola
Clos Lenticus (頁141)
Clos Mogador
Clot de les Soleres (頁191)
Comando G
Constantina Sotelo
Costador Terroirs Mediterranis (頁190)
Dagon Bodegas (頁192)
Daniel Ramos
Demencia Wine
Dominio del Urogallo
El Celler de les Aus
Els Jelipins (頁192)
Els Vinyerons Vins Naturals
Envinate
Esencia Rural (頁202)
Finca Parera
Frisach
La Furtiva
La Microbodega del Alumbro
La Perdida
Marenas (頁204)
Mas del Serral
Mas Estela
Mendall (頁155)
MicroBio Wines
Microbodega Rodriguez
Moran
Muchada (Leclapart)
Naranjuez
Olivier Riviere
Partida creus
Purulio (頁191)
Recaredo & Celler Credo
Ruben Parera (Celler Finca Parera)
Sedella Vinos
Sexto Elemento
Sistema Vinari
Terroir Al Limit (頁190)

Uva de Vida
Vina Enebro (頁205)
Vinos Ambiz
Vinos Patio
Vins Nus
Vinyes de la Tortuga
Vinyes Singulars

瑞典
Fruktstereo (頁207)

瑞士
Albert Mathier & Fils
La Maison du Moulin
Mythopia (頁190)
Weinbau Markus Ruch
Winzerkeller Strasser

土耳其
Gelveri (頁168)

英國
Ancre Hill Estates
Charlie Herring
Davenport Vineyards
Terlingham Vineyard
Tillingham

美國
A Tribute to Grace
AmByth Estate (頁159, 204)
Amplify Wines
Arnot-Roberts
Beckham Estate Vineyard
Bloomer Creek Vineyard(頁158)
Broc Cellars
Caleb Leisure Wines (頁161)
Clos Saron (頁194)
Coquelicot Estate Vineyards
Cote des Cailloux
Coturri Winery (頁161, 195)
Day Wines
Deux Punx
Dirty and Rowdy
Domaine de La Cote
Donkey & Goat (頁193)
Edmunds St. John
Eyrie Vineyards
Florez Wines
Hardesty Cellars (頁157)
Hatton Daniels
Hiyu Wine Farm (頁159)

J. Brix Wines
Kelley Fox Wines
La Clarine Farm (頁158)
La Cruz de Comal Wines (頁205)
La Garagista (頁140)
Les Lunes Wine
Lo-Fi Wines
Madson Wines
Maitre de Chai
Margins Wines
Martha Stoumen
Methode Sauvage (頁195)
Montebruno Wine (頁195)
Old World Winery (頁194)
Populis (頁159)
Powicana Farm
Purity Wine
Raj Parr Wines
Roark Wine Company
Ruth Lewandowski Wines
Salinia Wine Company
Sans Wine Co.
Scholium Project (頁161)
Seabold Cellars
Sky Vineyards
Solminer
Sonoma Mountain Winery
Statera Cellars
Stirm Wine Company (頁157)
Subject to Change
Swick Wines
The End of Nowhere
Two Shepherds
Unturned Stone Productions
Vinca Minor
Zafa Wines

名詞解釋

醋酸菌Acetic acid bacteria (AAB)
在發酵過程造成乙醇氧化轉變為醋酸的細菌。醋的產生得歸因於此類細菌。

農藝學家Agronomist
在土壤管理與作物產量方面專精的農業專家。

酒精發酵Alcoholic fermentation
酵母菌將糖轉化為酒精與二氧化碳的過程。

法定產區Appellation
受法令保護的地理區域之葡萄酒，在法國是以AOC/AOP（Appellation d'Origine Contrôlée/Protégée）縮寫做標示。有時在本書中以此為總稱，例如在談到義大利與等同於AOC的DOC（Denominacion de Origine Controllata）時。

生物動力法農耕Biodynamic farming
一種非常傳統、考量到整體環境的農耕方式，由Rudolf Steiner在1920年代提出。

波爾多混合劑Bordeaux Mix
混合銅與二氧化硫、石灰、水的一種真菌殺除劑。

大型木桶Botte（複數botti）
義大利文，意指大型葡萄酒桶或木桶。

酒香酵母Brettanomyces
一種酵母菌株。當酒中存有為數眾多的此類菌株時，會主導葡萄酒的風味，使酒款出現強烈的農場或薩拉米臘腸（salami）的氣息，被視為是葡萄酒的缺陷。

菌落形成單位CFU (colony-forming units)
微生物學中用來測量細菌的大小或真菌數量的單位。

加糖Chaptalization
在葡萄汁中加入糖，是一種增加酒精濃度的人為操控方式。

冷凍萃取法Cryoextraction
在壓榨葡萄前先經過冷凍過程。果實中結冰的水分在壓榨過程中會被移除，使葡萄汁的糖分更加濃縮。

特釀酒款Cuvée
法文中對「一批次」的葡萄酒所使用的通稱；無論是混調或單一品種酒款。

除渣Disgorgement
在氣泡酒釀製的最後階段所進行的去除沉澱物過程。

釀酒師Enologist
葡萄酒釀造者。

培養Élevage
法文，意指到葡萄酒裝瓶前的照料過程。

澄清Fining
加速酒液中懸浮的微小物質（如單寧、蛋白質等）的沉澱，過程中使用不同的試劑，包括蛋白、牛奶、魚類衍生物、黏土等。

酒花酵母Flor
在葡萄酒熟成過程中酒液表面產生的一層酵母菌，在釀製西班牙雪莉酒與侏儸黃酒中扮演重要角色。

大型橡木桶 Foudre
法文，意指大型橡木桶。

綠色革命Green Revolution
在20世紀中期所發生的農業革命，藉由科技發展與高產量品種、殺蟲劑與合成肥料等，促使全球農作物產量大幅提升。

公頃Hectare
即1萬平方公尺（約2.5英畝）。

百公升Hectoliter
公制容量單位，即100公升。

原生酵母菌Indigenous Yeast
即天然存在於葡萄園與釀酒廠的酵母菌。

乳酸菌Lactic acid bacteria (LAB)
葡萄酒發酵過程中促成乳酸發酵的細菌，能將尖銳的蘋果酸轉化為較柔軟的乳酸。

酒渣Lees
聚集在酒槽／酒桶／酒瓶底部的死酵母菌與其他在發酵過程所生成的沉澱物。

浸皮Maceration
將帶皮葡萄與葡萄汁浸泡在一起。

乳酸轉化Malolatic fermentation (Malo, MLF)

葡萄中自然存在的蘋果酸，在葡萄酒釀製過程中被轉化為乳酸。通常在酒精發酵過程中間或之後發生，偶爾也會在那之前。

百萬紫Mega Purple

在葡萄酒釀製過程中用以增加色澤與甜度的葡萄濃縮物。

鼠臭味Mousiness

酒中出現的腐壞氣息，聞起來像是花生醬或酸敗的牛奶。

未發酵葡萄汁Must

新鮮壓榨的葡萄汁。

加烈Mutage

英文為fortification。將烈酒加入葡萄汁讓發酵過程中止，以便使酒中存留天然糖分；波特酒便是如此釀製。

果粒加烈Mutage sur grain

同上。不同之處在於烈酒加入發酵中的葡萄原液與葡萄中，而非僅加入葡萄汁中。

酒商Négociant

生產者買進葡萄或葡萄酒，之後以自己的酒標做包裝。

貴腐菌Noble rot (Botrytis cinerea)

一種長在葡萄上的好黴菌，使葡萄的糖分得以濃縮。貴腐菌的存在也使甜酒的風味變得複雜。

氧化作用Oxidation

當葡萄酒或葡萄酒原液接觸到過多氧氣時，酒質會遭到破壞，使酒中產生明顯的核果或焦糖氣息。

樸門農藝Permaculture

一種永續的農耕方式，旨在發展出自給自足的生態環境。

直接壓榨Pressurage direct

葡萄不經果皮接觸，直接榨汁的過程。

喬治亞陶罐Qvevri (Kvevri)

英文拼法兩者可交換使用。這是一種大型陶罐，在喬治亞傳統上用在葡萄酒的發酵與熟成，通常埋於地底下。

再次發酵Re-fermentation

未發酵的殘存糖分在瓶中再次開始發酵。

逆滲透Reverse osmosis

一種非常複雜、高科技，以淘汰方式過濾葡萄酒中不需要的揮發酸、水、酒精、煙味等。

酒液黏稠Ropiness

有時候在葡萄酒熟成過程或裝瓶後，酒中的細菌會使葡萄酒產生出油質。

無菌過濾Sterile-filtration

用孔徑極小的膜片（小至0.45微米）過濾葡萄酒，濾除酵母菌與細菌。

二苯乙烯Stilbene

葡萄酒中天然存在的抗氧化劑。白藜蘆醇便是一種二苯乙烯。

亞硫酸添加劑Sulfites

一種用來抗氧化與抗菌的葡萄酒添加劑。

單寧Tannin

天然存在於葡萄梗、籽、皮中，使葡萄酒嘗起來有乾澀的口感（想像自己喝到濃茶的感覺）。在葡萄酒釀酒過程也可能從橡木桶萃取到些許單寧。

酒石酸結晶體Tartrate crystals

即酒石酸中的鉀酸鹽體；也常稱為葡萄酒鑽石。

紅汁葡萄品種Teinturier grape variety

果肉為紅色的葡萄品種，得以釀製出色澤極深的葡萄酒。

西班牙陶罐Tinaja

西班牙陶罐用在葡萄酒發酵與熟成階段。

酒農Vigneron（法文陰性為vigneronne）

即葡萄酒生產者。

甜酒Vin liquoreux

甜酒的法文。

年份差異Vintage variation

每年的葡萄酒生長條件都有所不同。

葡萄種植學Viticulture (viniculture)

與葡萄種植有關的科學。

補充資料與書單

酒農協會

Association des Champagnes Biologiques: www.champagnesbiologiques.com

Association des Vins Naturels: lesvinsnaturels.org

PVN (Productores de Vinos Naturales): vinosnaturales.wordpress.com

Renaissance des Appellations: renaissance-desappellations.com

S.A.I.N.S.: vins-sains.org

Taste Life: schmecke-das-leben.at

Vini Veri: viniveri.net

VinNatur: vinnatur.org

Vi.Te (Vignaioli e Territori): vignaiolieterritori.it

自然葡萄酒展

RAW WINE（倫敦｜柏林｜紐約｜洛杉磯｜蒙特婁）：rawwine.com

Les 10 Vins Cochons: les10vinscochons.blogspot.com

À Caen le Vin: vinsnaturelscaen.com

Les Affranchis: les-affranchis.blogspot.com

Buvons Nature: buvonsnature.over-blog.com

La Dive Bouteille: diveb.blogspot.co.uk

Festivin: festivin.com

Les Greniers Saint Jean: renaissance-des-appellations.com

H2O Vegetal: h2ovegetal.wordpress.com

Les Pénitentes: www.facebook.com/LesPenitentesAtLeGouverneur/

La Remise: laremise.fr

Real Wine Fair: therealwinefair.com

Salon des Vins Anonymes: vinsanonymes.canalblog.com

Vella Terra: vellaterra.com

Vini Circus: vinicircus.com

Vini di Vignaioli: vinidivignaioli.com

VinNatur Annual Tasting: vinnatur.org

自然酒哪裡找

自本書第一版出版以來，世界各地的自然酒經銷商數量呈爆炸式增長，無論是高級餐廳、一般餐廳、酒吧、葡萄酒專賣店、進口商經銷商。RAW WINE 官網的 People & Places 頁面有許多豐富的資訊，請參見：rawwine.com/people-places

推薦書單

以下是我讀過、你也可能會覺得有趣的書籍。它們不見得全是關於自然酒，卻會對了解我所倡導的理念極有幫助；祝你閱讀愉快。

Abouleish, Ibrahim, *Sekem: A Sustainable Community in the Egyptian Desert* (Floris Books, 2005)

Augereau, Sylvie, *Carnet de Vigne Omnivore—3e Cuvée* (Hachette Pratique, 2010)

Allen, Max, *Future Makers: Australian Wines For The 21st Century* (Hardie Grant Books, 2011)

Bird, David, *Understanding Wine Technology: TheScience of Wine Explained* (DBQA Publishing, 2005)

Bourguignon, Claude & Lydia, *Le Sol, la Terre et les Champs* (Sang de la Terre, 2009)

Campy, Michel, *La Parole de Pierre—Entretiens avec Pierre Overnoy, vigneron à Pupillin, Jura* (Meta Jura, 2011)

Corino, Lorenzo, *The Essence of Wine and Natural Viticulture* (Quintadicopertina, 2018)

Chauvet, Jules, *Le vin en question* (Jean-Paul Rocher, 1998)

Columella, *De Re Rustica: Books I–XII* (Loeb Classical Library, 1989)

Diamond, Jared, *Collapse* (Penguin Books, 2011)

Feiring, Alice, *Naked Wine: Letting Grapes Do What Comes Naturally* (Da Capo Press, 2011)

Goode, Jamie and Harrop, Sam, *Authentic Wine: toward natural sustainable winemaking* (University of California Press, 2011)

Gluck, Malcolm, *The Great Wine Swindle* (Gibson Square, 2009)

Jancou, Pierre, *Vin vivant: Portraits de vignerons au naturel* (Editions Alternatives, 2011)

Joly, Nicolas, *Biodynamic Wine Demystified* (Wine Appreciation Guild, 2008)

Juniper, Tony, *What Has Nature Ever Done For Us? How Money Really Does Grow On Trees* (Profile Books, 2013)

Mabey, Richard, *Weeds: The Story of Outlaw Plants* (Profile Books, 2012)

Matthews, Patrick, *Real Wine* (Mitchell Beazley, 2000)

McGovern, Patrick E., *Ancient Wine: The Search for the Origins of Viniculture* (Princeton University Press, 2003)

Morel, Francois, *Le Vin au Naturel* (Sang de la Terre, 2008)

Pliny (the Elder), *Natural History: A Selection* (Penguin Books, 2004)

Pollan, Michael, *Cooked: A Natural History of Transformation* (Penguin, 2013)

Robinson, Jancis, Harding, Julia and Vouillamoz, Jose, *Wine Grapes* (Penguin, 2012)

Thun, Maria, *The Biodynamic Year—Increasing yield, quality and fl avor, 100 helpful tips for the gardener or smallholder* (Temple Lodge, 2010)

Waldin, Monty, *Biodynamic Wine Guide 2011* (Matthew Waldin, 2010)

網站與部落格

Patrick Rey 的 Mythopia Series 葡萄園攝影系列請見：capteurs-denature.com/Z/Mythopia/index.html

以下作者時常在文章中談到自然酒（倘若我遺漏任何人，在此先行道歉。）

alicefeiring.com（美國作家與記者）
blog.lescaves.co.uk（UK 葡萄酒進口商與零售商）
caulfieldmountain.blogspot.co.uk（澳洲記者與作家）
dinersjournal.blogs.nytimes.com/author/eric-asimov（紐約時報記者與評論）
glougueule.fr（法國記者與行動主義者）
ithaka-journal.net（生態與葡萄酒——其中有 Hans-Peter Schmidt 的文章）
jimsloire.blogspot.co.uk（英國調查報導部落客）
louisdressner.com（美國進口商）
montysbiodynamicwineguide.com（英國生物動力法顧問與作者）
saignee.wordpress.com（部落客）
vinosambiz.blogspot.co.uk（西班牙自然酒生產者與部落客）
wineanorak.com（英國作家與部落客）
winemadenaturally.com（英國記者）
wineterroirs.com（法國部落客與攝影師）
wine-searcher.com（一般葡萄酒相關新聞的優質文章）

索引

誌謝

作者誌謝

首先我要感謝 Cindy Richards 與原書出版社 CICO 的團隊給我寫這本書的機會。謝謝你們的耐心、毅力與毫不放棄的決心（尤其是 Penny Craig、Caroline West、Sally Powell 與 Geoff Borin）。也感謝 Matt Fry 的引薦，還有 Gavin Kingcome 的攝影功力。

此外還要特別感謝 Dr. Laurence Bugeon 與 Franze Progatzky 提供讓我驚奇的顯微樣本，謝謝 Marie Andreani 花費眾多時間協助膳寫記錄各個訪談，以及好幾個月見不到我人影的朋友與家人。最重要的，謝謝所有與我分享想法、智慧與故事的你們，甚至幫我確認部分稿子或分享照片。還要大力感謝 Hans-Peter Schmidt 提供無價的時間與知識。

最後，謝謝我的夥伴 Deborah Lambert，沒有你這本書不會誕生。謝謝你幫忙梳理我雜亂無章的思維，並讓它們沒有太多的法國味！

原書出版社誌謝

感謝以下名單中的各位，謝謝你們為本書提供葡萄園、酒吧與餐廳拍攝：

法國

Alain Castex and Ghislaine Magnier, formerly of Le Casot des Mailloles, Roussillon

Anne-Marie and Pierre Lavaysse, Le Petit Domaine de Gimios, Languedoc

Antony Tortul, La Sorga, Languedoc Didier Barral, Domaine Leon Barral, Languedoc-Roussillon

Gilles and Catherine Verge, Burgundy

Jean Delobre, La Ferme des Sept Lunes, Rhone

Jean-Luc Chossart and Isabelle Jolly, Domaine Jolly Ferriol, Roussillon

Julien Sunier, Rhone

Mathieu Lapierre, Domaine Marcel Lapierre, Beaujolais

Pas Comme Les Autres, Bezier, Languedoc-Roussillon

Romain Marguerite, Via del Vi, Perpignan

Tom and Nathalie Lubbe, Domaine Matassa, Roussillon

Yann Durieux, Recrue des Sens, Burgundy

義大利與斯洛維尼亞

Aleks and Simona Klinec, Kmetija Klinec, The Brda, Slovenia

Angiolino Maule, La Biancara, Veneto, Italy

Daniele Piccinin, Azienda Agricola Piccinin Daniele, Veneto, Italy

Stanko, Suzana, and Saša Radikon, Radikon, Friuli Venezia, Giulia, Italy

美國加州

Chris Brockway, Broc Cellars, Berkeley

Darek Trowbridge, Old World Winery, Russian River Valley

Kevin and Jennifer Kelley, Salinia Wine Company, Russian River Valley

Lisa Costa and D.C. Looney, The Punchdown, San Francisco,

Phillip Hart and Mary Morwood-Hart, AmByth Estate, Paso Robles

Tony Coturri, Coturri Winery, Glen Ellen

Tracy and Jared Brandt, Donkey & Goat, Berkeley

感謝以下名單中的諸位，謝謝你們為本書提供照片（t = 上、b = 下、c = 中間、r = 右、l = 左）：

Alamy: 124b; Antidote: 124tr; Casa Raia: 93b; Château La Baronne: 29t; Frank Cornelissen: 37; Costadilà: 138;

Coulée de Serrant: 42, 44–45（兩張）; Domaine de Fontedicto: 106–107 (both); Domaine Henri Milan: 69;

Elliot's: 124tl; Gelveri: 168; Hibiscus: 125; Nicolas Joly: 42, 44–45（兩張）; Katy Koken: 158; Isabelle Legeron MW: 26tr, 29bl, 33, 35, 37, 43, 47（兩張）, 79, 82, 88–89（兩張）, 92b, 96–97, 101, 104（兩張）, 105, 108–109, 110, 111, 114, 117, 118, 122, 123, 140, 147r, 169, 172, 180r, 184, 194, 200, 203;

Lous Grezes: 194; Mamaruta: 173; Margins Wine: 157;

Matassa (Tom Lubbe 與 Craig Hawkins): 25;

Montesecundo: 186; Patrick Rey (at Mythopia): 16, 30–31（全部）, 32, 98, 189; Strohmeier: 34; Taubenkobel: 125;

Viniologi: 167: Weingut Werlitsch: 26b, 155